监理现场资料编制与收集

■ 中元方工程咨询有限公司 组织编写
张存钦 主编

中国建筑工业出版社

图书在版编目（CIP）数据

监理现场资料编制与收集／中元方工程咨询有限公司组织编写；张存钦主编．—北京：中国建筑工业出版社，2022.9（2023.10重印）

ISBN 978-7-112-27926-5

Ⅰ.①监… Ⅱ.①中… ②张… Ⅲ.①建筑工程—监督管理—资料—编制②建筑工程—监督管理—资料—收集 Ⅳ.①TU712

中国版本图书馆CIP数据核字（2022）第174325号

责任编辑：宋 凯 张智芊
责任校对：张惠雯

监理现场资料编制与收集
中元方工程咨询有限公司 组织编写
张存钦 主编

*

中国建筑工业出版社出版、发行（北京海淀三里河路9号）
各地新华书店、建筑书店经销
华之逸品书装设计制版
建工社（河北）印刷有限公司印刷

*

开本：787毫米×1092毫米 1/16 印张：13½ 字数：252千字
2022年10月第一版 2023年10月第二次印刷
定价：**55.00**元

ISBN 978-7-112-27926-5
（39130）

《监理现场资料编制与收集》
编 委 会

主　编： 张存钦

副主编： 陈　月　任春芝　黄海涛　贺松林　马　艳　刘占强
李炎桐　王留军　钱亚苓　凌亚新　郝勇玲　赵赛赛
陈卫星　李慧霞　张　清　杨春爱　张　洋　郭　锋
郑　晓　李　莉　牛　清

编　委： 丁　海　李国涛　付方涛　陈亚伟　任艳辉　李亚朋
王　涛　李　永　余　港　梁　鹤　胡帅兵　朱少华
申亚军　王文博　刘洪伸　赵长海　黄松强　李海红
郭　涛　汪清海　刘兴伟

主　审： 杨卫东　蒋晓东　李加夫　邱海泉　赵普成　侯兴才
刘二领　李超杰　李济亮　郭振华

监理文件资料究竟有多重要？

2020年10月8日10时50分，某县看守所迁建工程业务楼的天面构架模板发生坍塌事故，造成8人死亡，1人受伤，事故导致的直接经济损失共约1163万元。

根据事故调查结论，该事故中监理单位法定代表人、总经理，现场总监理工程师及专业监理工程师、监理员被批准逮捕，企业被依法实施了处罚，并列入信用联合惩戒（黑名单）对象。根据事故调查报告，监理单位及人员主要存在以下工作不到位的情况：

（1）对施工单位项目经理长期不在岗的情况，未查到任何资料证明其采取有效措施确保其到岗履职；

（2）专业监理工程师、监理员未驻场履职，监理资料签字弄虚作假；

（3）对施工过程中发现的隐患，未能督促施工单位提供整改复查或验收的相关材料，未对安全隐患实行闭环管理；

（4）未查到任何验收资料证明其按要求对混凝土模板进行验收；

（5）未查到留档资料对派驻工程项目监理人员进行安全培训教育的证明；

（6）聘请不具备监理相关资格人员从事监理活动，且未签订劳动合同；

（7）未对施工单位的相关人员资格进行审核；

（8）未按规范填写工程施工监理旁站记录。

在上述八项监理责任中，我们仔细推敲，哪一项不与监理文件资料有关呢？事故发生后，有关部门和事故调查组都是根据事故现场实况以及各参建单位主体在日常参建过程中搜集和整理各自资料进行的整理、分析和判断，进而判定各参建单位的事故责任和处罚措施！

对我们监理人员来说，监理文档资料就是广大监理人员平常及时搜集完成和整理的书面资料，是我们履职最有力的直接证据，更是评定监理人员的工作质量与成效的重要凭证！也是保护我们生命安全最珍贵的法宝！

例如，在该事故中，若有关部门和事故调查组能一目了然、轻而易举地查到监理工作规范而详尽的文件资料，且这些文件资料能清清楚楚地证明监理人员是根据法律、法规和标准履职尽责了，还会给监理人员这么重的处罚吗？

我们再看一个案例！

2020年8月12日16时30分左右，某市农村生活污水治理项目村级站点工程，在排污管沟开挖和管网铺设施工过程中发生一起较大的土方坍塌事故，造成3人死亡，直接经济损失300万元。

经调查认定，这是一起较大坍塌生产安全责任事故。依据《建设工程安全生产管理条例》第五十七条的规定，建议由建设行政主管部门责令监理单位停业整改整顿，并对其处以10万元罚款的行政处罚。

有关部门和事故调查组相关专家在对监理单位及人员针对该事故调查中发现：

（1）总监理工程师代表未经总监理工程师书面授权，违规行使总监理工程师全部职权，违规在监理日志、工程验收资料、专项施工方案审批表和施工图纸会审会签表等工程监理文件资料上代签总监理工程师名字，对监理文件资料实施造假行为。同时未组织编制监理实施细则，未对深沟槽开挖施工实施专项巡视检查且无相关监理文件资料；

（2）监理单位未依法履行监理单位安全生产主体责任。未按照《建设工程监理规范》GB/T 50319—2013、《建筑工程项目总监理工程师质量安全责任六项规定》(建市〔2015〕35号）规定落实建设工程监理总监理工程师负责制。公司在为项目任命总监理工程师后，未通知被任命人，在明知总监理工程师没有也不能到项目履行职责的情况下，没有申请更换总监理工程师，却违规由公司授权总监理工程师代表行使总监理工程师的全部职权，导致总监理工程师代表违规在监理日志、工程验收资料、专项施工方案审批表和施工图纸会审会签表等工程监理文件资料上代签总监理工程师名字，对监理文件资料造假。未对施工组织设计中的安全技术措施和专项施工方案进行认真审查，对施工现场存在的安全隐患认识不足，未及时签发施工停工令并要求进行整改，未对危大工程施工开展专项巡视检查且没有相关监理文件资料。

在上述监理单位及监理人员责任中，我们仔细推敲，又有哪一项不与监理文件资料有关呢？

……

这样的事故，每时每刻都可能发生，一桩桩、一件件，哪一件不与我们的监理文件资料有关呢？

我们在日常的监理工作中还需要特别重视的是“仅在口头和微信”作出监理要求或指示的有效性问题。在监理行业一直都有讨论：在微信群发出的指令或整

改通知单算是监理文件资料吗？它的有效性如何？

2018年12月29日8时51分左右，在某地新建商务区18-03地块商办项目工地，发生一起基坑内局部土方坍塌事故，造成3人死亡。经调查认定，这是一起较大生产安全责任坍塌事故。该项目监理单位及人员被有关单位和相关专家认定负有一定的责任，并进行了行政处罚或处分。

根据相关事故调查报告，监理单位及人员的责任认定如下：

(1)没有相关监理文件资料证明监理人员对施工单位的安全生产管理工作监督到位；

(2)当监理人员发现施工单位未按照专项施工方案施工时，未按相关规定落实监理职责，仅在口头和微信群要求进行整改，对整改情况监督落实不力。

根据这个案例调查结论，可以有力地证明“仅在口头和微信群”要求进行整改对我们监理人员履职来说是无效的。该承担什么责任还是承担什么责任，该受到什么样的处罚还是会受到什么样的处罚！

那么“口头和微信群”到底该怎么做才有效力呢？

“口头和微信群”一般是指：监理人员在巡视检查中发现问题，如果立即整改能够消除的一般事故隐患或不符合项，监理人员可通过口头指令向施工单位管理人员发出要求立即整改。比如巡视监理人员发现个别施工人员在施工作业中，安全帽没有正确佩戴，可口头要求施工人员立即整改。

如果巡视监理人员认为发现的问题自已无法解决或无法判断是否能够解决时，比如发现施工存在质量或安全问题，或施工单位采用不适当施工工艺，或施工不当，可能造成工程质量不合格或安全隐患的，即使立即发出口头指令要求施工单位立即整改，但也应立即向专业监理工程师或总监理工程师报告，并及时签发书面监理通知单或进一步书面指令。

在该案例事故中，经专家查看项目监理机构监理文档资料，发现缺少大量的资料，即使有，也大多不符合规范要求，不足以证明现场监理人员的履职行为，这个教训必须引起我们监理从业者高度重视。

客观上讲，“微信”作为一款跨平台的通信工具，支持单人、多人参与，通过手机网络发送语音、图片、视频和文字，确实是能给我们广大监理人员带来很多方便和快捷，应该得到推广和使用。但我们不能一味地“沉浸”其中，把它作为监理人员工作方式的法宝，那就是舍本逐末、得不偿失了。

监理人员的工作方式在安全生产监理方面有很多种方法与手段：记录、口头指令、发布文件、巡视检查、平行检验、旁站、见证取样、组织安全、质量专题会议、危险源分析、审批、报告等，但最终都要及时形成书面文字、照片或者影

像材料，以方便存档、查阅。

由此可见，“微信”充其量是一种口头指令形式，最可靠的还是及时形成书面材料，做到监理文件资料的闭环管理才是硬道理！

资料，监理资料，唯有详尽的监理文件资料，才能如实地反映监理人员在工作过程中对质量、进度、投资等进行的控制工作以及对安全生产履行法定职责的真实写照。

资料，监理资料，唯有切实履行监理合同、履行监理之职责步步留痕的监理文件资料，才是监理人员实行自我保护、规避风险的行之有效的手段。

踏雪无痕，是一种轻功，监理人员不需要这种武功。

我们要踏雪有痕，监理过程中要人过留名、有影有踪，更要有迹可循、雁过留声！

综合上述，你觉得监理文件资料重要吗？

周口市建设监理与咨询行业协会　会　长
中元方工程咨询有限公司　董事长　张存钦

2022年10月

目录

第一章

监理文件资料概述

1.1 监理文件资料的定义和编制依据

1.1.1 监理文件资料的定义

监理文件资料是指工程监理单位在从事建设工程监理与相关服务活动过程中，履行建设工程监理合同所形成或获取的，能够反映项目建设的客观状况，以文字、文档、图标、数据或影像等形式记录、保存的文件资料。

监理文件资料是工程建设过程中项目监理机构工作质量的重要体现；是工程质量竣工验收的必备条件；是城建档案的重要组成部分；是监理单位履行监理合同的重要凭证；是展示工程管理水平和体现规范力度的载体。因此，监理文件资料的编制、收集、日常管理和保存，直至竣工后的档案分类整理、组卷、装订，向有关部门交付或归档，应实行规范化、标准化管理，建立相应的管理制度和检查验收制度。

1.1.2 监理文件资料的编制依据

（1）国家有关法律、法规及规范性文件；

（2）国家有关技术标准、规范及规程；

（3）《建设工程监理规范》GB/T 50319—2013；

（4）《建设工程文件归档规范（2019年版）》GB/T 50328—2014；

（5）《建筑工程施工质量验收统一标准》GB 50300—2013；

（6）工程勘察、设计文件资料；

（7）工程建设有关合同文件；

（8）其他与监理工作有关的文件。

1.2 监理文件资料的分类

依据文件资料形成的属性，可分为编制类、签发类、审批类、验收类、记录类、台账类及其他类等资料。

1.编制类资料

编制类资料是指由项目监理机构编制的，用于对监理工作进行策划、指导，对工程质量进行评估，对监理工作进行总结的监理文件资料。一般包括监理规划、监理实施细则、监理月报、监理见证计划、旁站监理方案、工程质量评估报告、监理工作总结等资料。

2.签发类资料

签发类资料是指由监理单位和项目监理机构签署发出的，用于授权、指令、告知等用途的监理文件资料。一般包括工程开工令、见证人告知书、见证人授权书、工程暂停令、工程复工令、监理通知单、监理通知回复单、监理报告、工作联系单、工程款支付证书、竣工移交证书等资料。

3.审批类资料

审批类资料是指由项目监理机构对施工单位报审的文件资料进行审核、审批所形成的监理文件资料。一般包括工程开工报审、分包单位资格报审、施工组织设计报审、施工方案报审、专项施工方案报审、施工进度计划报审、工程复工报审、工程变更报审、工程延期报审、工程费用索赔报审、工程款支付报审等文件资料。

4.验收类资料

验收类资料是指由项目监理机构对施工单位报验的对应工程项目实体的文件资料，进行检查、验收所形成的监理文件资料。一般包括施工控制测量成果报验文件、工程材料（构配件、设备）报验文件、隐蔽工程报验文件、分项工程（检验批）报验文件、分部工程报验文件、单位工程竣工报验文件等各类验收文件资料。

5.记录类资料

记录类资料是指由项目监理机构记录监理履职行为和重要事件所形成的监理文件资料。一般包括图纸会审纪要、监理会议纪要、监理日志、材料见证取样记录、实体检验见证记录、旁站记录、平行检验记录、巡视检查记录、混凝土交货验收记录、监理备忘录等文件资料。

6.台账类资料

台账类资料是指由项目监理机构记录监理过程信息所形成的明细记录、清单等监理文件资料。一般包括材料进场台账、分部分项验收台账、见证取样台账、收发文台账、项目监理机构印章台账、工程款支付台账、危大工程管理台账、扬尘治理巡视巡查台账等资料。

7.其他类资料

其他类资料是指除上述签发类、编制类、审批类、验收类、记录类、台账类以外的监理文件资料。

1.3 监理文件资料的管理原则

（1）监理文件资料必须真实反映工程质量的实际情况，并应与工程进度同步形成、收集和整理，应客观反映监理工作实际情况。

（2）监理文件资料应字迹清楚、内容齐全，并由相关人员签字。需要加盖印章的，应加盖相应印章。

（3）监理文件资料应真实、准确、完整、有效，具有可追溯性。由多方共同签认的资料，应分别对各自形成的资料内容负责，严禁伪造或随意撤换。

（4）监理文件资料相关证明文件应为原件，当为复印件时，应加盖复印件提供单位的印章，注明复印日期，并由经手人签字。

（5）监理文件资料应确保时效性，及时签认、传递和保存。

（6）监理文件资料按载体不同可分为纸质资料和数字化资料。载体的选择应符合下列规定：

①需加盖印章的工程资料应采用纸质载体；

②记录类、台账类等资料宜采用数字化载体；

③由城建档案馆归档的资料，其载体形式应符合档案管理相关规定；

④数字化资料应符合相关的数据标准，资料管理软件形成的工程资料应符合相关要求；

⑤涉及工程结构安全的重要部位，应留置隐蔽前的影像资料，影像资料中应有对应工程部位的标识。

（7）监理文件资料可以通过信息化手段实现共享和传递。

1.4 监理文件资料管理人员的职责

监理文件资料管理人员的职责包括监理单位、总监理工程师、专业监理工程资料、监理员资料、资料管理人员的职责，下面将其分述如下。

1.4.1 监理单位文件资料管理人员的职责

监理单位管理人员的职责主要包括如下内容：

（1）制定企业相关管理制度；定期组织对项目监理机构的监理文件资料管理进行监督指导和工作检查。按相关制度规定督促项目监理机构提交监理文件资料，按规定保存；

（2）为项目监理机构提供资料管理信息化应用的相关条件，给予必要技术支持。

1.4.2 总监理工程师文件资料管理人员的职责

总监理工程师管理人员的职责主要包括如下内容：

（1）明确项目监理机构各岗位人员的监理文件资料管理职责，确定专职或兼职监理文件资料管理人员；

（2）组织编写监理规划、监理月报、工程质量评估报告和监理工作总结，审批监理实施细则；

（3）签发工程开工令、工程暂停令、工程复工令、监理报告、工程款支付证书和竣工移交证书；

（4）在施工组织设计报审表、施工方案/专项施工方案报审表、施工进度计划报审表（总进度计划或重要进度计划）、分包单位资格报审表、工程开工报审表、工程复工报审表、工程款支付报审表、费用索赔报审表和工程临时/最终延期报审表等监理文件资料签署意见；

（5）在分部工程验收报审表、分部工程验收记录、单位工程竣工验收报审表、单位工程验收记录和建设工程竣工验收备案表等验收资料上签署意见；

（6）检查各岗位监理人员监理文件资料管理情况，定期审阅签认监理日志；

（7）组织项目监理机构完成符合竣工验收要求的监理档案，向本单位归档和建设单位移交。

1.4.3 专业监理工程师文件资料管理人员的职责

其主要包括如下内容：

（1）负责本专业监理文件资料的编制、收集和整理，并及时向监理文件资料管理人员移交；

（2）对本专业监理文件资料的真实性、准确性、完整性和及时性负责；

（3）参与编制监理规划，负责编制本专业的监理实施细则；

(4) 审查施工单位报送的分包单位资格报审资料，并签署审查意见；

(5) 审查施工单位报审的施工组织设计、本专业施工方案和专项施工方案，并签署审查意见；

(6) 检查、复核施工单位报送的施工控制测量成果及保护措施，并签署意见；

(7) 核查施工单位报送的本专业材料、构配件和设备的质量证明文件和复验报告，并签署相应资料；

(8) 签署图纸会审记录，审查工程变更并签署意见；

(9) 填写监理日志，参与编写监理月报；

(10) 签发监理通知单，复查整改情况，签署施工单位报送的监理通知回复单；

(11) 按有关规定和建设工程监理合同约定进行平行检验，并签署相应资料；

(12) 对施工单位报验的隐蔽工程、检验批和分项工程进行验收，对验收合格的予以签认；

(13) 根据相关规定，对危险性较大分部分项工程进行验收，并填写验收记录；

(14) 审查施工单位报审的施工总进度计划和阶段性施工进度计划，并签署意见；

(15) 审查施工单位工程款支付报审涉及的工程量和支付金额，并签署意见；

(16) 当审查发现施工单位报审、报验资料不符合要求，签署不同意或退回整改意见前，应及时向总监理工程师汇报、沟通，并达成一致意见。

1.4.4 监理员资料管理人员的职责

其主要包括如下内容：

(1) 根据旁站方案的要求实施旁站，并填写旁站记录；

(2) 按相关规定对于材料的取样送检进行见证，并填写见证记录；

(3) 根据相关规定，对危险性较大分部分项工程进行巡视，并填写危险性较大分部分项工程巡视检查记录；

(4) 复核或从施工现场获取工程计量的有关数据并签署原始凭证。

1.4.5 资料管理人员的职责

其主要包括如下内容：

(1) 收集、整理监理文件资料，采用信息化手段进行资料管理；

(2) 负责与各参建单位的文件往来联系，负责各种文件的收发、登记及整理、分类汇总，并按规定组卷；

(3) 核查监理文件资料的齐全性、符合性；

（4）登记、填写各类监理图表和台账；

（5）整理归档工程竣工资料；

（6）负责项目监理机构的日常资料管理和信息传递工作；

（7）根据总监理工程师的工作安排，进行文件收发管理，并参与对施工单位资料的监督检查。

第二章

项目监理机构文件

项目监理机构是工程监理单位派驻工程负责履行建设工程监理合同的组织机构。项目监理机构的监理人员应由总监理工程师、专业监理工程师和监理员组成，且专业配套、数量应满足建设工程监理工作需要，必要时可设总监理工程师代表。

项目监理机构文件是指监理单位派驻工程项目负责履行委托监理合同而建立组织机构的一系列文件。一般包括项目监理机构组织成立文件、总监理工程师任命书、总监理工程师授权书、总监理工程师责任承诺书等文件。

2.1 基本规定

工程监理单位在签订建设工程监理的合同后，应及时将项目监理机构的组织形式、人员构成及对总监理工程师的任命以书面形式通知建设单位。

2.2 项目监理机构组织成立文件

该文件是指监理单位依据国家和行业相关要求、监理招标投标文件和工程实际情况编制的派驻工程现场履行监理合同各项义务和责任的项目监理机构的组织性文件。其包括项目监理机构的名称、组织形式、总监理工程师和监理人员构成等内容，文件应在项目监理机构进场前报送建设单位。

项目监理机构组织成立文件填写示例：

××工程监理有限公司文件

监工(××)第××号

关于成立××工程项目监理机构的通知

××××公司(建设单位):

经公司研究决定，成立××工程项目监理机构(见附件1)，任命赵××同志为总监理工程师，其他各类监理人员情况见附件2。

××工程监理有限公司(盖章)

年　月　日

附件1　项目监理机构组织结构图

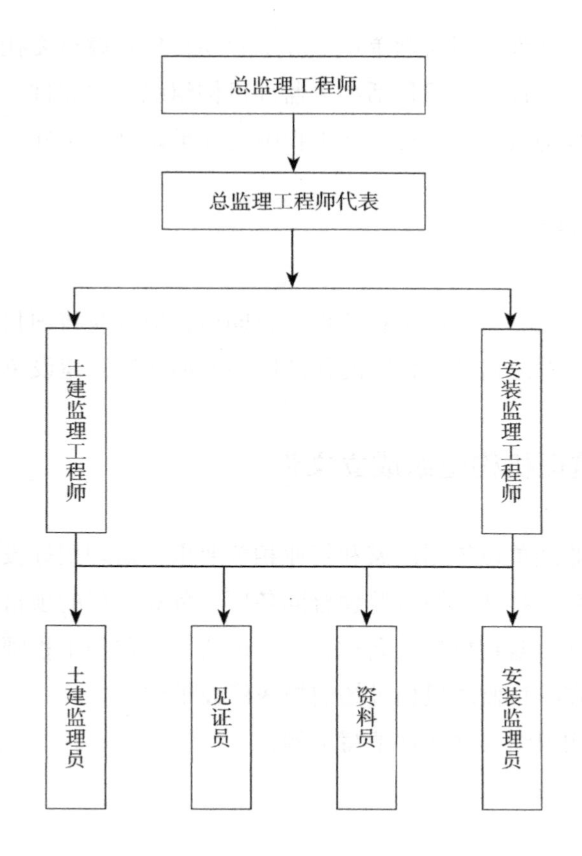

附件2　监理人员构成

序号	姓名	岗位	性别	年龄	专业	资格	职称	备注
	赵××	总监理工程师						
	王××	专业监理工程师						
	……	专业监理工程师						
	黄××	见证员						
	……	见证员						
	凌××	监理员						
	……	监理员						
	……							

2.3 总监理工程师任命书

总监理工程师任命书是监理单位法定代表人任命本单位具有相应执业资格的监理工程师担任某一项目总监理工程师的书面文件，并由监理单位法定代表人签字，加盖监理单位公章。总监理工程师任命书应在项目部存档，并报建设单位、工程质量监督机构和其他相关部门备案。若变更总监理工程师，则应重新下发总监理工程师任命书，并办理存档和备案。

《总监理工程师任命书》填写示例：

总监理工程师任命书

工程名称：××工程　　　　编号：××

致：××公司（建设单位）

兹任命 赵××（监理工程师注册号：54011××）为我单位 ×× 项目总监理工程师，负责履行《建设工程监理合同》、主持项目监理机构工作。

工程监理单位（盖章）

法定代表人（签字）：张××

年　　月　　日

注：本表一式三份，项目监理机构、建设单位、施工单位各一份。

2.4 总监理工程师授权书

总监理工程师授权书是由监理单位法定代表人授权总监理工程师全面履行监理合同权利和义务的文件。

根据《建筑工程五方责任主体项目负责人质量终身责任追究暂行办法》(建质〔2014〕124号)规定，新开工建设的工程项目，建设、勘察、设计、施工、监理单位的法定代表人应当及时签署授权书，明确本单位在该工程的项目负责人。经授权的建设单位项目负责人、勘察单位项目负责人、设计单位项目负责人、施工单位项目经理和监理单位总监理工程师应当在办理工程质量监督手续前签署工程质量终身责任承诺书，连同法定代表人授权书，报工程质量监督机构备案。对未办理授权书、承诺书备案的，住房和城乡建设主管部门不予办理工程质量监督手续、不予颁发施工许可证、不予办理工程竣工验收备案。

《法定代表人授权书》填写示例：

法定代表人授权书

本授权委托声明：我 张×× 系 ××工程监理有限公司 的法定代表人，现授权委托 赵×× 同志担任 ××工程 总监理工程师，负责本工程的监理工作，代表公司履行监理合同的权力与义务。

委托人无转委权，特此委托。

附：身份证证明

法定代表人身份证复印件	授权委托人身份证复印件

委托人（签章）：________（盖单位公章）　　授权委托人：________（签字或盖章）

法定代表人：__________（签字或盖章）　　身份证号：__________________

身份证号：__________________

年　　月　　日

2.5 总监理工程师承诺书

总监理工程师承诺书是指根据国家有关要求，项目总监理工程师在项目建设过程中执行国家相关法律、法规、标准、规范并对施工质量、安全、环境保护等达到一定标准所作出的承诺。

根据《建筑工程五方责任主体项目负责人质量终身责任追究暂行办法》(建质〔2014〕124号)，严格落实工程质量终身责任承诺制，建设、勘察、设计、施工、监理单位的法定代表人应当及时签署授权书，明确本单位在该工程的项目负责人。经授权的建设单位项目负责人、勘察单位项目负责人、设计单位项目负责人、施工单位项目经理和监理单位总监理工程师应当签署工程质量终身责任承诺书，连同法定代表人授权书，报工程质量监督机构备案。对未办理授权书、承诺书备案的，住房和城乡建设主管部门不予办理工程竣工验收备案。

《工程质量终身责任承诺书》填写示例：

工程质量终身责任承诺书

本人承诺在该工程建设中，严格按照现行有关法律、法规、标准、规范要求，增强质量意识，规范质量行为，认真落实质量责任，在工程设计使用年限内自觉承担相应的质量终身责任。

工程名称：________________

承诺人身份证号：________________

承诺人注册执业资格：注册监理工程师

承诺人注册执业证号：________________

承诺人（签字）：__________ 联系电话：__________

承诺人所在单位法人身份证号：________________

法定代表人（签字）：__________ 联系电话：__________

承诺人所在单位（盖章）

年 月 日

本承诺书一式三份，两份提交给工程建设单位，办理工程质量监督手续时提交给工程质量监督机构备案，竣工备案时提交给工程竣工备案管理部门，一份保存于承诺人所在单位备查。

2.6 总监理工程师代表授权书

根据《建设工程监理规范》GB/T 50319—2013规定，总监理工程师代表授权书是经工程监理单位法定代表人同意，由总监理工程师书面授权，代表总监理工程师行使其部分职责和权力，且具有工程类注册执业资格或具有中级及以上的专业技术职称、3年及以上的工程实践经验并经监理业务培训的人员。《总监理工程师代表授权书》应在项目监理机构存档，并报公司备案。

《总监理工程师代表授权书》填写示例：

总监理工程师代表授权书

根据工作需要，经公司法定代表人 张×× 同意，由总监理工程师 赵×× 书面授权，现授权 陈×× 为 ××工程 项目的总监理工程师代表，代表总监理工程师行使部分职责和权力，总监理工程师代表和总监理工程师承担连带责任。

授权人：赵×× 被授权人：陈××

（项目总监理工程师） （总监理工程师代表）

××工程监理有限公司

年 月 日

2.7 监理人员廉洁自律承诺书

监理单位组建项目监理机构后，为强化项目廉政建设，提高廉洁自律意识，预防岗位职务犯罪，从思想源头上杜绝违规违纪事件，在组织人员进场前告知项目监理人员增强服务意识的承诺书。《监理人员廉洁自律承诺书》应在项目监理机构存档并报公司备案，如有必要应报建设单位备案。

《监理人员廉洁自律承诺书》填写示例：

监理人员廉洁自律承诺书

为进一步强化廉政建设，提高廉洁自律意识，预防岗位职务犯罪，树立监理人的良好形象，从思想源头上杜绝违规违纪事件的发生，本人特作出如下承诺，并随时随地接受监督检查。若发生违反承诺书条款的事件，本人愿意接受有关处罚，直至吊销执业资格证书和追偿相应的经济损失。

（1）遵守国家的法律法规以及公司各项规章制度，自觉遵守职业道德，不断增强法律意识和法制观念。

（2）依法办事，恪尽职守，严格按合同约定，为工程提供优质监理服务，确保工程质量，确保国家和人民群众的生命财产安全。

（3）坚持公平、独立、诚信、科学原则，坚持按监理程序和规章制度办事，热情服务、科学监理。严格工序检验签认，严肃计量支付管理，严格工程变更审核，忠实履行监理职责，正确行使权力，廉洁从业，清清白白做人，干干净净做事。

（4）工作中不弄虚作假，严格执行规范、规程和技术标准，如实收集整理好各类资料、档案，不做假资料，并对自己签认的各种资料负责。

（5）不以个人名义承揽监理业务，不转借、出卖、伪造、涂改监理资格证书以及其他相关资信证明。

（6）不以任何形式向施工方、材料供应方索取回扣、好处费、礼金、有价证券和其他财物，不在施工方和材料供应方报销应由个人支付的费用。

（7）不与被监理方就工程承包、工程费用、材料设备供应、工程量变更、工程质量等业务活动在私下商谈而达到相互的利益，不干预施工方自主经营及工作安排，坚持“守法、诚信、公正、科学”的执业准则。

（8）遵守社会公德，不利用职务上的便利，占用公共资源进行营利性活动。

（9）不同时受聘于两个以上（含两个）的单位从事执业活动。

（10）按照聘用合同的规定在聘用单位从事监理工作，不擅自离职，对因个人擅离职守给工程或聘用单位造成的损失，承担相应的经济责任。

工作单位：××工程监理有限公司
承诺人：
日　期：　　　　年　　月　　日

第三章 编制类资料

监理编制类资料是指由项目监理机构编制的，用于对监理工作进行策划、指导，对工程质量进行评估，对监理工作进行总结的监理文件资料。一般包括监理规划、监理实施细则、监理月报、监理见证计划、旁站监理方案、安全专项监理方案、应急救援预案、工程质量评估报告、监理工作总结等资料。

3.1 监理规划

监理规划是指在总监理工程师的主持下编制、经监理单位技术负责人审批，用来指导项目监理机构全面开展监理工作的指导性文件。监理规划应针对建设工程实际情况进行编制，应在签订建设工程监理合同及收到工程设计文件后由总监理工程师组织编制，并应在召开第一次工地会议前报送建设单位。

监理规划的编制还应结合施工组织设计、施工图审查意见等文件资料进行编制。

监理规划作为工程监理单位的技术文件，应经过工程监理单位技术负责人的审核批准，并在工程监理单位存档。

在监理工作实施过程中，建设工程的实施可能会发生较大变化，如设计方案重大修改、施工方式发生变化、工期和质量要求发生重大变化，或者当原监理规划所确定的程序、方法、措施和制度等需要作重大调整时，总监理工程师应及时组织专业监理工程师修改，并应经工程监理单位技术负责人批准后报建设单位。

3.1.1 监理规划的基本要求

（1）监理规划的基本构成内容应当力求统一，这是监理工作规范化、制度化、科学化的要求；

（2）监理规划的内容应具有针对性、指导性和可操作性；

（3）监理规划应由总监理工程师组织编制；

（4）监理规划应符合工程项目实施的实际状况；

（5）监理规划应有利于建设工程监理合同的履行；

（6）监理规划的表达方式应当标准化、格式化；

（7）监理规划的编制应充分考虑时效性；

（8）监理规划应按程序审核批准后方可实施；

（9）监理规划格式主要包括封面、目录、正文、封底；

（10）监理规划封面内容应至少包括工程名称、“监理规划”字样、编制人（总监理工程师签字）、审批人（单位技术负责人签字）、监理单位名称、盖监理单位公章、编制时间等。

3.1.2 监理规划的编制依据

（1）工程建设法律、法规和标准。其包括工程建设有关法律、法规及政策；工程所在地或所属部门颁布的工程建设相关法规、规章及政策；工程建设标准。

（2）建设工程外部环境调查研究资料。其包括自然条件方面的资料和社会及经济方面的资料。

（3）政府批准的工程建设文件。其包括政府发展改革部门批准的可行性研究报告、立项批文；政府规划土地、环保等部门确定的规划条件、土地使用条件、环境保护要求、市政管理规定。

（4）建设工程监理合同文件。

（5）建设工程合同。

（6）建设单位、监理单位等相关单位的要求。

（7）工程实施过程中输出的有关工程信息。其主要包括方案设计、初步设计、施工图设计、工程实施状况、工程招标投标情况、重大工程变更、外部环境变化等。

3.1.3 监理规划的主要内容

根据《建设工程监理规范》GB/T 50319—2013及相关要求，监理规划应包括下列主要内容：

（1）工程概况；

（2）监理工作的范围、内容、目标；

（3）监理工作依据；

（4）监理组织形式、人员配备及进退场计划、监理人员岗位职责；

(5) 监理工作制度；
(6) 工程质量控制；
(7) 工程造价控制；
(8) 工程进度控制；
(9) 安全生产管理的监理工作；
(10) 合同与信息管理；
(11) 组织协调；
(12) 监理工作设施。

3.1.4 监理规划编制应遵循的程序

根据《建设工程监理规范》GB/T 50319—2013，监理规划编审应遵循下列程序：
(1) 总监理工程师组织专业监理工程师编制；
(2) 总监理工程师签字后由工程监理单位技术负责人审批。

3.1.5 监理规划的审核

监理规划在编写完成后需要进行审核，审核的内容包括监理规划编制是否满足3.1.1的基本要求，内容是否符合3.1.3的要求，程序是否符合3.1.4的要求，在达到要求后，监理单位技术负责人应当予以审批签认。监理规划在审核时，应重点注意以下七个方面：

1. 监理范围、工作内容及监理目标的审核

依据监理招标、投标文件和建设工程监理合同，审核是否理解建设单位的工程建设意图；监理范围、监理工作内容是否已包括全部委托的工作任务；监理目标是否与建设工程监理合同要求和建设意图相一致。

2. 项目监理机构的审核

(1) 对于组织机构方面。组织形式、管理模式等是否合理，是否已结合工程实施特点，是否能够与建设单位的组织关系和施工单位的组织关系相协调等。

(2) 对于人员配备方面。人员配备方案应从以下四个方面进行审查：

① 审查派驻监理人员的专业满足程度。应根据工程特点和建设工程监理任务的工作范围，不仅考虑专业监理工程师（如土建监理工程师、安装监理工程师等）能够满足开展监理工作的需要，而且还要看其专业监理人员是否覆盖了工程实施过程中的各种专业要求，以及高、中级职称和年龄结构的组成；

② 审查人员数量的满足程度。可以从满足招标、投标文件要求的人员数量、工程的规模、复杂程度、监理工作的要求等方面审核从事监理工作人员在数量和

结构上的合理性；

③审查专业人员不足时采取的措施是否恰当。大中型建设工程由于技术复杂、涉及的专业面宽，当工程监理单位的技术人员不足以满足全部监理工作要求时，对拟临时增派的监理人员的管理能力、专业水平和综合素质应认真审核；

④审查派驻现场人员计划。对于大中型建设工程，因不同阶段对所需要的监理人员在人数和专业等方面的要求不同，应对各阶段所派驻现场监理人员的专业、数量计划是否与建设工程进度计划相适应进行审核。还应平衡正在其他工程上执行监理业务的人员，是否能按照预定计划进入本工程参加监理工作进行审核。

3. 工作计划的审核

在工程进展中，审核各个阶段的工作实施计划是否合理、可行，审查其在每个阶段中如何控制建设工程目标以及组织协调方法。

4. 工程质量、造价、进度控制方法的审核

对三大目标控制方法和措施应重点审查，看其如何应用组织、技术、经济和合同措施以保证目标的实现，方法是否科学、合理、有效。

5. 对安全生产管理监理工作内容的审核

其主要是审核安全生产管理的监理工作内容是否明确；是否制定了相应的安全生产管理措施；是否建立了对施工组织设计、专项施工方案的审查制度；是否建立了对现场安全隐患的巡视检查制度；是否建立了安全生产管理状况的监理报告制度；是否制定了危险性较大的分部分项工程的监理方案及应急救援预案等。

6. 监理工作制度的审核

其主要审查项目监理机构内、外工作制度是否健全、有效。

7. 监理文件资料管理制度的审核

其主要审核是否建立了完善的监理文件资料管理制度；管理人员的职责是否落实；管理的要求和内容是否明确；监理文件资料内容和编目是否清晰、完整；监理文件资料的收集、整理、编制、传递、查阅、归档与移交是否明确等。

监理规划填写示例（内容略）：

××工程项目

监
理
规
划

编制人：（总监理工程师签字）

审批人：（单位技术负责人签字）

××工程监理有限公司

××××年××月××日

3.2 监理实施细则

监理实施细则是在监理规划指导下，由专业监理工程师针对某一专业或某一方面建设工程监理工作而编制的操作性文件。

根据《建设工程监理规范》GB/T 50319—2013规定，采用新材料、新工艺、新技术、新设备的工程，以及专业性较强、危险性较大的分部分项工程，应编制监理实施细则。对于工程规模较小、技术较为简单且有成熟监理经验和施工技术措施落实的情况下，可不必编制监理实施细则。

监理实施细则应符合监理规划的要求，并应结合工程专业特点，做到详细具体、具有可操作性。监理实施细则编制计划可在监理规划中列明，并可随工程进展的需要进行调整。细则编制时可根据建设工程实际情况及项目监理机构工作需要增加相应的其他内容，但应在相应工程开始前由专业监理工程师编制完成，并经总监理工程师审批后实施。当工程发生变化导致监理实施细则所确定的工作流程、方法和措施需要调整时，专业监理工程师应对监理实施细则进行补充、修改，并由总监理工程师重新进行审批。

3.2.1 基本要求

从监理实施细则编制目的的角度，监理实施细则应满足以下三个方面的要求：

1. 内容全面

监理实施细则作为指导监理工作的操作性文件，编制内容应考虑涉及监理"三控、两管、一协调"、安全生产管理的监理工作等相关要求。在编制监理实施细则前，专业监理工程师应依据建设工程监理合同和监理规划确定的监理范围和内容，结合需要编制监理实施细则的专业工程特点，对工程质量、造价、进度主要影响因素以及安全生产管理的监理工作的要求，制定内容细致、翔实的监理实施细则，确保建设工程监理目标的实现。

2. 针对性强

独特性是工程项目的本质特征之一，没有两个完全一样的项目。因此，监理实施细则应在相关依据的基础上，结合工程项目实际建设条件、环境、技术、设计、功能等进行编制，确保监理实施细则的针对性。为此，在编制监理实施细则前，专业监理工程师应组织本专业监理人员熟悉本专业的设计文件、施工图纸和施工方案，并结合工程特点，分析本专业监理工作的难点、重点及主要影响因素，制定有针对性的组织、技术、经济和合同措施，同时，在监理工作实施过程中，监理实施细则可根据实际情况进行补充、修改和完善。

3. 可操作性

监理实施细则应有可行的操作方法和措施，详细、明确的控制目标值和全面的监理工作计划。

3.2.2 监理实施细则的编制依据

《建设工程监理规范》GB/T 50319—2013规定了监理实施细则编写的依据：

（1）已批准的建设工程监理规划；

（2）与专业工程建设相关的标准、设计文件和技术资料；

（3）经批准的施工组织设计和（专项）施工方案。

除上述依据外，监理实施细则在编制的过程中，还可以融入工程监理单位的规章制度和经认证发布的质量体系，以达到监理内容的全面、完整，有效提高工程监理自身的工作质量。

3.2.3 监理实施细则的主要内容

根据《建设工程监理规范》GB/T 50319—2013，监理实施细则应包括下列主要内容：

（1）专业工程特点；

（2）监理工作流程；

（3）监理工作要点；

（4）监理工作方法及措施。

3.2.4 监理实施细则报审

（1）根据《建设工程监理规范》GB/T 50319—2013的规定，监理实施细则可随工程进展进行编制，但必须由专业监理工程师在相应工程施工前编制完成，并报总监理工程师审批后实施。

（2）对编制依据、内容的审核包括下列主要内容：

①监理实施细则的编制是否符合监理规划的要求；

②是否符合专业工程相关的标准；

③是否符合设计文件的内容，与提供的技术资料是否符合；

④是否与施工组织设计、（专项）施工方案使用的规范、标准、技术要求相一致；

⑤监理的目标、范围和内容是否与监理合同和监理规划相一致；

⑥编制的内容是否涵盖专业工程的特点、重点和难点，是否全面、翔实、可行，是否能确保监理工作质量等。

（3）对项目监理人员的审核

①对于组织方面，应审核组织方式、管理模式是否合理，是否结合了专业工程的具体特点，是否便于监理工作的实施，制度、流程上是否能保证监理工作，是否与建设单位和施工单位相协调等。

②对于人员配备方面。应审核人员配备的专业满足程度、数量等是否满足监理工作的需要、专业人员不足时采取的措施是否恰当、是否有操作性较强的现场人员计划安排表等。

（4）对监理工作流程、监理工作要点的审核

应审核监理工作流程是否完整、翔实，节点检查验收的内容和要求是否明确，监理工作流程是否与施工流程相衔接，监理工作要点是否明确、清晰，目标值控制点设置是否合理、可控等。

（5）对监理工作方法和措施的审核

应审核监理工作方法是否科学、合理、有效，监理工作措施是否具有针对性、可操作性且安全可靠，是否能确保监理目标的实现等。

（6）对监理工作制度的审核

针对专业工程监理，应审核其内、外监理工作制度是否能有效保证监理工作的实施，监理记录、检查表格是否完备。

3.2.5 监理实施细则的编制范围及格式要求

1. 监理实施细则的编制范围

（1）监理规划中列明的需编制监理实施细则的专业工程。

（2）危险性较大的分部分项工程。

（3）采用新材料、新工艺、新技术、新设备的工程。

（4）其他有必要编制监理实施细则的工程。

2. 监理实施细则编制的格式要求

（1）监理实施细则格式主要包括封面、目录、正文和封底。

（2）封面内容应包括工程名称、专业工程名称、“监理实施细则”字样、编制人（专业监理工程师签字）、审批人（总监理工程师签字）、项目监理机构名称、盖项目监理机构章、编制时间。

3.2.6 常用监理实施细则目录

1.常见质量部分分部、分项工程监理实施细则

(1)土方开挖及回填监理实施细则;

(2)水泥土搅拌桩施工监理实施细则;

(3)预应力预制管桩施工监理实施细则;

(4)地下连续墙施工监理实施细则;

(5)钻(冲)孔灌注桩施工监理实施细则;

(6)人工挖孔灌注桩施工监理实施细则;

(7)大体积混凝土施工监理实施细则;

(8)地基与基础防水施工监理实施细则;

(9)钢筋工程施工监理实施细则;

(10)砌体工程施工监理实施细则;

(11)模板工程施工监理实施细则;

(12)建筑幕墙工程施工监理实施细则;

(13)建筑屋面施工监理实施细则;

(14)建筑装饰装修工程施工监理实施细则;

(15)建筑节能工程监理实施细则;

(16)建筑给水排水及消防工程监理实施细则;

(17)建筑电气工程监理实施细则;

(18)智能建筑工程监理实施细则;

(19)通风与空调工程监理实施细则;

(20)电梯安装工程监理实施细则。

2.常见安全部分分部、分项工程监理实施细则

(1)土方开挖、支护及降水工程监理实施细则;

(2)高支模施工监理实施细则;

(3)塔式起重机安装/拆卸专项监理实施细则;

(4)施工升降机安装/拆卸专项监理实施细则;

(5)落地式脚手架安装/拆卸监理实施细则;

(6)悬挑式脚手架安装/拆卸监理实施细则;

(7)附着式升降脚手架安装/拆卸监理实施细则;

(8)卸料平台安装/拆卸监理实施细则;

(9)施工临时用电监理实施细则;

（10）吊篮施工监理实施细则。

3. 常见文明施工部分分部、分项工程监理实施细则

（1）扬尘防治监理实施细则；

（2）夜间施工监理实施细则（如有）；

（3）绿色施工监理实施细则。

4. 常见季节性分部、分项工程监理实施细则

（1）冬期施工监理实施细则；

（2）雨期施工监理实施细则；

（3）高温天气施工监理实施细则。

5. 其他监理实施细则

××项目疫情防控监理实施细则。

监理实施细则填写示例（内容略）：

××工程混凝土分项工程

监理实施细则

编制人：（专业监理工程师签字）

审批人：（总监理工程师签字）

××工程监理有限公司

××工程项目监理机构

××××年××月××日

3.3 监理月报

监理月报是指项目监理机构每月向建设单位提交的建设工程监理工作及建设工程实施情况等分析总结报告。

监理月报既要反映建设工程监理工作及建设工程实施情况，也要确保建设工程监理工作可追溯。监理月报由总监理工程师组织编写，签认后报送建设单位和本监理单位。报送时间由监理单位与建设单位协商确定，一般在收到施工单位报送的工程进度，汇总本月已完工程量和本月计划完成工程量的工程量表、工程款支付报审表等相关资料后，在协商确定的时间内报送。

3.3.1 基本要求

（1）监理月报应每月编制一期，特殊情况应与建设单位协商；

（2）监理月报由总监理工程师或总监理工程师代表组织编写，各专业监理工程师提供相关资料和数据。编写后由总监理工程师审查、签认后报建设单位和监理单位；

（3）监理月报中数据的统计周期一般为上月的26日至本月的25日，原则规定次月5日前由总监理工程师签认上报；

（4）监理月报内容要实事求是，应真实反映工程现状和监理工作情况，做到数据准确、层次清楚、重点突出、语言简练，并附必要的图表和照片；

（5）监理月报提纲中各项内容顺序不得任意调换或合并，某项内容如本期未发生，该项目照列，但应注明“本期未发生”；

（6）监理月报主要包括封面、目录、正文和封底；

（7）封面内容应包括工程名称、“监理月报”字样、编制人（专业监理工程师签字）、审批人（总监理工程师签字）、项目监理机构名称、盖项目监理机构章、编制时间。

3.3.2 监理月报的主要内容

1.本月工程实施情况

（1）工程进展情况。其包括实际进度与计划进度的比较，施工单位人、机、料进场及使用情况，本期正在施工部位的工程照片等；

（2）工程质量情况。其包括分部、分项工程的验收情况，工程材料（设备、构配件）进场检验情况，主要施工、试验情况，本月工程质量分析；

（3）施工单位安全生产管理工作评述；

（4）已完工程量与已付工程款的统计及说明。

2. 本月监理工作情况

（1）工程进度控制方面的工作情况；

（2）工程质量控制方面的工作情况；

（3）安全生产管理方面的工作情况；

（4）工程计量与工程款支付方面的工作情况；

（5）合同及其他事项管理的工作情况；

（6）监理工作统计及工作照片。

3. 本月工程实施过程中存在的主要问题分析及处理情况

（1）工程进度控制方面的主要问题分析及处理情况；

（2）工程质量控制方面的主要问题分析及处理情况；

（3）施工单位安全生产管理方面的主要问题分析及处理情况；

（4）工程计量与工程款支付方面的主要问题分析及处理情况；

（5）合同及其他事项管理方面的主要问题分析及处理情况。

4. 下月监理工作重点

（1）工程管理方面的监理工作重点；

（2）项目监理机构内部管理方面的工作重点。

监理月报填写示例（内容略）：

××工程

监理月报

（第×期）

编制人：（专业监理工程师签字）

审批人：（总监理工程师签字）

××工程监理有限公司

××工程项目监理机构

××××年××月××日

3.4 见证取样计划

见证取样计划是指项目监理机构根据已审批的施工检测试验和取样送检计划（方案），结合有关见证取样和送检要求而编制的便于材料质量控制的一种操作性文件。

3.4.1 基本要求

（1）施工项目经理部应当在开工前组织编制施工检测试验和取样送检计划，报监理机构或建设单位审批。

（2）项目监理机构见证取样计划需结合项目实际情况以及依据施工检测试验和取样送检计划进行编制，并应实行动态管理。

（3）在施工过程中，见证人员应按照见证取样和送检计划，对施工现场的取样和送检进行见证。

（4）监理见证取样计划主要包括封面、目录、正文和封底。

（5）封面内容应包括工程名称、专业工程名称、“监理见证取样计划”字样、编制人（专业监理工程师签字）、审批人（总监理工程师签字）、项目监理机构名称、加盖项目监理机构章、编制时间。

3.4.2 见证取样计划的编制依据

（1）建设工程相关法律法规；

（2）《房屋建筑工程和市政基础设施工程实行见证取样和送检的规定》（建建〔2000〕211号）；

（3）项目所在地有关工程建设相关要求；

（4）《建设工程监理规范》GB/T 50319—2013；

（5）建设工程与见证取样相关的规范、规程及技术标准；

（6）建设工程监理合同、建设工程施工合同；

（7）经批准的设计文件、施工组织设计、取样计划、监理规划和监理实施细则等。

3.4.3 见证取样计划的主要内容

（1）工程概况；

（2）见证取样和送检依据；

(3) 见证取样和送检人员资质、岗位职责和工作要求；
(4) 项目使用的主要材料及进场计划；
(5) 见证取样内容、数量、方法和检测项目；
(6) 见证取样的程序及流程；
(7) 不合格材料的处理措施。

见证取样计划填写示例（内容略）：

××工程项目

见证取样计划

编制人：（专业监理工程师签字）

审批人：（总监理工程师签字）

××工程监理有限公司

××工程项目监理机构

××××年××月××日

3.5 旁站方案

旁站是指项目监理机构对工程的关键部位或关键工序的施工质量进行的监督活动。

根据《建设工程监理规范》GB/T 50319—2013，项目监理机构应根据工程特点和施工单位报送的施工组织设计，确定旁站的关键部位、关键工序，安排监理人员进行旁站，并应及时记录旁站情况。

3.5.1 基本要求

（1）旁站方案应在工程施工组织设计审批完成后，在监理规划编制时由总监理工程师组织专业监理工程师编写。

（2）旁站方案内容应符合监理规划的要求，并结合专业工程特点，使其具有针对性和可操作性。

（3）在编制旁站方案时，应有编制人（专业监理工程师签字）、审批人（总监理工程师签字）并加盖项目监理机构章。

（4）编制的旁站方案应一式四份，项目监理机构、建设单位、施工单位各一份，必要时并抄送主管部门一份。

（5）旁站方案应包括的主要内容包括旁站依据、旁站的范围和内容、旁站相关要求和旁站人员主要职责。

（6）编制旁站方案的格式要求如下：

①封面内容应包括项目名称、编制人、审批人、项目监理机构名称并加盖项目监理机构章、编制时间等；

②目录；

③正文。

旁站方案填写示例（内容略）：

××工程项目

旁站方案

编制人：（专业监理工程师签字）

审批人：（总监理工程师签字）

××工程监理有限公司

××工程项目监理机构

××××年××月××日

3.6 工程质量评估报告

工程质量评估报告是项目监理机构对工程施工质量进行检查验收，并对其是否达到施工合同约定的工程质量标准进行评估的重要监理文件资料。工程质量竣工预验收合格后，项目监理机构应编写工程质量评估报告，并经总监理工程师和工程监理单位技术负责人审核签字后在工程竣工验收前报送建设单位。它是监理工程师对工程质量客观、真实的评价，也是工程正式竣工验收的重要基础资料。

3.6.1 基本要求

（1）工程质量评估报告应能客观、公正、真实地反映所评估的单位工程、分部分项工程、检验批的施工质量状况，能对监理过程进行综合描述，能反映工程的主要质量状况、反映出工程的结构安全、重要使用功能及观感质量等方面的情况。

（2）必要时，项目监理机构应随工程进展编写阶段性质量评估报告，内容包括以下节点：

①在地基与基础分部（包括 ±0.00以下的结构及防水分项）工程验收完成之后、基础土方回填之前，应编写地基与基础分部工程质量评估报告；

②在整个建筑物主体结构完成之后、装饰工程施工之前，应编写主体分部工程质量评估报告；

③在工程竣工预验收合格之后、各方组织验收之前，应编写单位工程（包括安装和装饰工程）的质量评估报告。

（3）工程质量评估报告主要包括封面、目录、正文和封底。

（4）封面内容应包括如下内容：

①分部工程质量评估报告，工程名称“××分部工程 质量评估报告”字样、编制人（专业监理工程师签字）、审批人（总监理工程师签字）、项目监理机构名称、加盖项目监理机构章、编制时间；

②单位工程竣工质量评估报告，工程名称“××工程 质量评估报告”字样、编制人（总监理工程师签字）、审批人（监理单位技术负责人签字）、监理单位名称、加盖监理单位公章、编制时间。

3.6.2 工程质量评估报告的编制程序

（1）项目监理机构收到施工单位提交的《单位工程竣工验收报审表》及相应

竣工资料后，总监理工程师组织专业监理工程师和施工单位共同对工程质量控制资料、实体质量进行核查验收并签署竣工预验收意见。

（2）工程竣工预验收合格后，总监理工程师应组织专业监理工程师编写工程质量评估报告，在编制完成后，经总监理工程师和工程监理单位技术负责人审核签认并加盖公司公章后报建设单位。

（3）工程质量评估报告应在正式竣工验收前提交给建设单位。

3.6.3 工程质量评估报告的主要内容

1.工程质量评估报告的工程概况

工程质量评估报告的工程概况包括如下内容：

（1）工程的名称、地理位置、建筑类型等；

（2）工程的建筑面积、结构类型、层数（地上/地下）、建筑高度、基础类型及埋深等各专业设计要点；

（3）工程地质与环境情况；

（4）各专业工程特点；

（5）工程计划开工日期、计划竣工日期、工程实际开工日期、工程预验收日期。

2.工程参建单位

（1）工程建设各方的单位名称和项目负责人及联系方式；

（2）主要分包单位名称、分包内容及项目负责人、联系方式。

3.工程质量验收情况

（1）工程质量验收依据；

（2）工程施工基本情况；

（3）各分部工程质量验收情况。按各分部工程包括的检验批、分项工程、分部工程验收以及专项验收结果逐一进行阐述；

（4）单位工程有关安全、节能、环境保护和主要使用功能检查情况；

（5）单位工程观感质量检查情况；

（6）单位工程质量验收情况；

（7）甩项或未完项目。

4.工程质量事故及其处理情况

如在工程施工的过程中，施工单位若发生了工程质量事故，则按规范要求填写；否则，需填写“工程施工过程中未发生工程质量事故”。

5. 竣工资料审查情况

在对工程竣工预验收工作中，对工程质量控制资料检查情况进行简述，结论要明确是否符合相关规范标准要求。

6. 工程质量评估结论

要求明确该工程施工质量是否处于受控状态，施工过程中是否发生质量事故。工程质量是否符合有关法律法规和工程建设强制性标准，是否符合设计文件和施工合同要求的情况，工程资料是否符合相关规范标准要求情况等进行逐一阐述，结论应明确工程质量是否具备竣工验收条件。

地基与基础分部工程质量评估报告填写示例（内容略）：

××工程项目

工程质量评估报告

（地基与基础分部工程）

编制人：（专业监理工程师签字）

审核人：（总监理工程师签字）

××工程监理有限公司

××工程项目监理机构

××××年××月××日

主体结构分部工程质量评估报告填写示例（内容略）：

××工程项目

工程质量评估报告

（主体结构分部工程）

编制人：（专业监理工程师签字）

审批人：（总监理工程师签字）

××工程监理有限公司

××工程项目监理机构

××××年××月××日

单位工程的质量评估报告填写示例（内容略）：

××工程项目

工程质量评估报告

编制人：（总监理工程师签字）

审批人：（单位技术负责人签字）

××工程监理有限公司（盖章）

××工程项目监理机构

××××年××月××日

3.7 监理工作总结

当监理工作结束时，项目监理机构应向建设单位和工程监理单位提交监理工作总结。监理工作总结由总监理工程师组织专业监理工程师编写，由总监理工程师审核签字，并加盖工程监理单位公章后报建设单位。

3.7.1 基本要求

（1）监理工作总结应在工程竣工验收之日起约定的期限内编写完成并报送建设单位、监理单位，同时保存归档。

（2）监理工作总结应能客观、公正、真实地反映工程监理的全过程，能对监理效果进行综合描述和正确评价，能反映工程的主要质量状况、结构安全、投资控制等方面的情况。

（3）用词应准确、明了、简洁、通顺，尽量使用专业语言。

（4）监理工作总结格式主要包括封面、目录、正文、封底。

（5）封面内容应包括工程名称、“监理工作总结”字样、编制人（总监理工程师签字）、项目监理机构名称、盖项目监理机构章、加盖监理单位公章、编制时间。

3.7.2 监理工作总结的主要内容

1. 监理工作总结的工程概况

监理工作总结的工程概况主要包括如下内容：

（1）工程基本情况，包括工程名称、等级、建设地址、建设规模、结构形式以及主要设计参数；

（2）工程的特点和难点；

（3）施工情况阐述，包括施工合同履约评价，分部工程质量和进度情况，安全文明施工情况等；

（4）项目参建单位，包括建设单位、设计单位、勘察单位、监理单位、施工单位（包括重点的专业分包单位）、检测单位等。

2. 项目监理机构

其内容主要包括如下：

（1）项目监理机构组织形式；

（2）项目监理机构人员及变动情况；

（3）配备的监理设施。

3. 监理合同履行情况

（1）工程监理的服务范围、内容和期限；

（2）监理合同目标的控制情况；

（3）监理完成的主要工作以及难点和特点；

（4）监理工作成效，包括质量、进度、造价控制、合同管理以及安全生产管理的监理工作等，以及项目监理机构提出的合理化建议被建设、设计、施工等单位采纳的情况；发现施工中的差错，通过监理工作避免了工程质量事故、生产安全事故的情况；累计核减工程款及为建设单位节约工程建设投资等事项的数据情况（可举典型事例和相关资料）；

（5）监理工作中发现的问题及其处理情况。监理过程中产生的监理通知单、监理报告、工作联系单及会议纪要等所提出问题的简要统计情况；监理所提关于工程质量、安全生产等问题的建议在工程管理当中被采纳、使用情况。

（6）说明和建议。

监理工作总结填写示例（内容略）：

××工程项目

监理工作总结

编制人：（总监理工程师签字）

××工程监理有限公司（盖章）

××工程项目监理机构

××××年××月××日

第四章 签发类资料

监理签发类资料是指监理单位和项目监理机构签署发出的，用于授权、指令、告知等用途的监理文件资料。一般包括工程开工令、见证人告知书、见证人授权书、工程暂停令、工程复工令、监理通知单、监理通知回复单、监理报告、工作联系单、工程款支付证书、竣工移交证书等监理文件资料。

4.1 工程开工令

工程开工令是由总监理工程师下达的允许开工的书面文件，开工令签发载明的日期即为工程的实际开工日期。

根据《建设工程监理规范》GB/T 50319—2013，总监理工程师应组织专业监理工程师审查施工单位报送的工程开工报审表及相关资料，同时具备下列条件时，应由总监理工程师签署审核意见，并应报建设单位批准后，总监理工程师签发工程开工令。

（1）设计交底和图纸会审已完成；

（2）施工组织设计已由总监理工程师签认；

（3）施工单位现场质量、安全生产管理体系已建立，管理及施工人员已到位，施工机械具备使用条件，主要工程材料已落实；

（4）进场道路及水、电、通信等已满足开工要求。

总监理工程师应在开工日期7天前向施工单位发出工程开工令。施工单位应按开工令载明的日期开工。

4.1.1 基本要求

（1）《工程开工令》必须附具《工程开工报审表》并明确开工日期，项目监理机构按照相关要求，完成对施工单位报送的《工程开工报审表》及相关资料的审核，确认具备开工条件并报建设单位批准后，指示施工单位开工。

（2）《工程开工令》应由总监理工程师签发，并加盖项目监理机构章和总监理工程师执业印章。

（3）《工程开工令》填写的工程名称应与建设工程施工许可证上的工程名称一致。

（4）签字应真实、清楚，不得涂改，代签。

（5）本表一式三份，项目监理机构、建设单位、施工单位各一份。

《工程开工令》填写示例：

工程开工令

工程名称：× × 工程　　　　　　　　　　　　　　　　　　　　　　　编号：× ×

致：× × 建设有限公司（施工单位）

经审查，本工程已具备施工合同约定的开工条件，现同意你方开始施工，开工日期为：× × × × 年 × × 月 × × 日。

附件：工程开工报审表。

项目监理机构（盖章）

总监理工程师（签字并加盖执业印章）：赵 × ×

× × × × 年 × × 月 × × 日

注：本表一式三份，项目监理机构、建设单位、施工单位各一份。

4.2 见证人告知书

见证人告知书是项目监理机构明确见证取样见证人员，并告知工程质量监督机构、检测机构、建设单位和施工单位的书面文件。

根据《建设工程监理规范》GB/T 50319—2013，见证取样是指项目监理机构对施工单位进行的涉及结构安全的试块、试件及工程材料现场取样、封样、送检工作的监督活动。

4.2.1 基本规定

（1）项目监理机构应根据工程特点配备满足工程需要的见证人员，负责见证取样和送检工作。见证人员应由具备建设工程施工试验知识的专业技术人员担任；

（2）根据工程需要，见证人员可选择多名；

（3）在见证人员被确定后，应在见证取样和送检前书面告知该工程的质量监督机构和承担相应见证试验的检测机构、项目建设单位、项目施工单位；

（4）在见证人员被更换时，应在见证取样和送检前将更换后的见证人员信息告知检测机构和监督机构、项目建设单位、项目施工单位；

（5）在检测机构被更换时，在见证取样和送检前应重新填写《见证人告知书》；

（6）《见证人告知书》应加盖项目监理机构章、见证取样和送检章，见证取样和送检章样式由监理单位确定；

（7）本告知书一式五份，工程质量监督机构、检测机构、监理单位、建设单位、施工单位各一份。

4.2.2 填写要求

（1）填写的工程名称应与建设工程施工许可证上的工程名称一致；

（2）填写工程建设各方名称应为全称且为合同有效单位；

（3）签章应真实、清楚，不得涂改和代签。

见证人告知书填写示例：

见证人告知书

工程名称：××工程

致：××质量监督站
××检测机构
××建设有限公司（施工单位）
××××公司（建设单位）

我单位决定，由 凌×× 同志担任 ××工程 见证取样和送检见证人。有关的印章和签字如下，请查收备案。

见证取样和送检印章	见证人签字	证书编号
	凌××	fB12××49

项目监理机构（盖章）
总监理工程师（签字）：赵××
××××年××月××日

注：本表一式五份，监督机构、检测机构、项目监理机构、建设单位、施工单位各一份。

4.3 见证人授权书

见证人授权书是建设单位或建设单位委托监理单位向监督该工程的质量监督部门申报备案用表，也是通知施工单位和委托检测单位的用表。

4.3.1 基本要求

（1）本表由建设（监理）单位填写，单位盖章并填写日期，报送监督站、施工单位、试验室各一份。见证人员应由该工程的监理单位或建设单位中具备建筑施工知识和具有见证员资格的专业技术人员担任；

（2）取样和送检人由施工单位具有资格的人员担任，取样和送样见证人由建设单位书面授权，委派具有资格的建设或监理人员1～2名担任；

（3）建设单位或建设单位委托监理单位应向监督该项目的质量监督站和工程检测单位递交《见证单位及见证人授权书》；

（4）施工单位取样人员在现场进行原材料及施工试验项目取样时，见证人员必须在旁见证；

（5）见证人员应对试样进行监护，并与取样人一起将试样交于检测人员或采取有效的封样措施送样；

（6）检测单位在接受委托检验任务时，须由送检单位填写委托单，见证人员应检查委托单上的签字；

（7）检测单位应在检验报告单备注栏中注明见证单位和见证人姓名，发现试样有不合格的情况时，首先要通知见证单位的见证人员。

4.3.2 见证人授权书的填写要求

（1）填写的工程名称应与建设工程施工许可证上的工程名称一致；

（2）填写工程建设各方名称应为全称且为合同有效单位；

（3）签章应真实、清楚，不得涂改、代签；

（4）填写见证单位的地址、联系电话、法定代表人姓名、单位盖章并填写日期。

见证人授权书填写示例：

见证人授权书

工程名称：××工程

致：××质量监督站

××检测机构

××建设有限公司（施工单位）

××××公司（建设单位）

我单位决定授权下列人员负责本工程的见证/取样和送检工作，并对工程质量承担相应质量责任，请查收备案。

<table>
<tr><td>姓名</td><td>身份证号</td><td>职称及证书编号</td><td colspan="2">联系电话</td><td>被授权人本人签字</td><td>类别</td></tr>
<tr><td>凌×</td><td></td><td></td><td colspan="2"></td><td></td><td>见证取样</td></tr>
<tr><td rowspan="2">监理单位</td><td rowspan="2">（公章）
××××年××月××日</td><td rowspan="2">授权人</td><td>姓名</td><td></td><td>职务/职称</td><td></td></tr>
<tr><td>职业资格</td><td></td><td>电话</td><td></td></tr>
<tr><td>建设单位意见</td><td>建设单位项目负责人</td><td>（签字）
××××年××月××日</td><td colspan="2">总监理工程师</td><td colspan="2">（签章）
××××年××月××日</td></tr>
</table>

说明：1.本授权书一式五份，工程质量监督机构、检测单位、建设单位、监理单位和施工单位各一份；

2.签订检测合同后约定期限内，由建设（监理）单位向工程质量监督机构、检测单位报送本授权委托书；

3.授权委托书后附有本人签字的身份证、职称证复印件，人员名单可加附页，附页应加盖授权单位印章；

4.建设（监理）单位对见证员，施工单位对取样员所报材料的真实性负责；

5.人员变更时，应重新填写并于约定期限内向有关单位报送本授权委托书；

6.要求本人签字加盖执业印章，总包单位项目负责人担任项目经理时应加盖执业印章。

4.4 工程暂停令

4.4.1 基本规定

（1）总监理工程师在签发工程暂停令时，可根据停工原因的影响范围和影响程度，确定停工范围，并应按施工合同和建设工程监理合同的约定签发工程暂停令。

（2）根据《建设工程监理规范》GB/T 50319—2013，项目监理机构发现下列情况之一时，总监理工程师应及时签发工程暂停令：

①建设单位要求暂停施工且工程需要暂停施工的；

②施工单位未经批准擅自施工或拒绝项目监理机构管理的；

③施工单位未按审查通过的工程设计文件施工的；

④施工单位违反工程建设强制性标准的；

⑤施工存在重大质量、安全事故隐患或发生质量、安全事故的。

（3）总监理工程师签发工程暂停令应事先征得建设单位同意，在紧急情况下未能事先报告时，应在事后及时向建设单位作出书面报告。

（4）暂停施工事件发生时，项目监理机构应如实记录所发生的情况。

（5）总监理工程师应会同有关各方按施工合同约定，处理因工程暂停引起的与工期、费用有关的问题。

（6）因施工单位原因暂停施工时，项目监理机构应检查施工单位的停工整改过程并验收整改结果。

4.4.2 签发《工程暂停令》注意事项

总监理工程师签发《工程暂停令》时应注意以下事项：

（1）工程暂停是由于非承包单位的原因造成时，也就是应当由建设单位承担责任的风险或其他事件时，总监理工程师应在签发工程暂停令之后，并在签署复工申请之前，应主动就工程暂停引起的工期和费用补偿等与承包单位、建设单位进行协商和处理，以免日后发生索赔纠纷，并应尽可能达成协议；

（2）当引起工程暂停的原因不是非常紧急（如由于建设单位的资金问题、拆迁等），同时工程暂停会影响一方（尤其是承包单位）的利益时，总监理工程师应在签发暂停指令之前，就工程暂停引起的工期和费用补偿与承包单位、建设单位进行协商。如果总监理工程师认为暂停施工是妥善解决的较好办法时，也应当签发工程暂停令；

（3）签发工程暂停令时，必须注明是全部停工还是局部停工，不得含混。暂停令必须注明工程暂停的原因、范围、停工期间应进行的工作及责任人、复工条件等。签发暂停令要慎重，要考虑工程暂停后可能产生的各种后果，并应事前与建设单位协商，以取得一致意见；

（4）建设单位要求停工，总监理工程师经过独立判断，认为有必要暂停施工的，可签发工程暂停令。认为没有必要暂停施工的，可与建设单位协商，不应签发工程暂停令；

（5）若施工单位未经许可擅自施工的，总监理工程师应及时签发工程暂停令并同时报告建设单位；施工单位拒绝执行项目监理机构的要求和指令时，总监理工程师应视情况签发工程暂停令并同时报告建设单位。

《工程暂停令》填写示例：

工程暂停令

工程名称：××工程　　　　　　　　　　　　　　　　　　　　　　　　　　编号：××

致：××建设有限公司（施工单位）

由于因1号楼2层标高有误，××设计研究院 提出工程变更，现通知你方于××××年××月××日××时起暂停1号楼2层水电管线安装施工，并按下述要求做好后续工作：

1.监理工程师和承包单位有关人员共同对水电管线安装施工形象进度进行记录。

2.按设计变更及附图要求降低顶板标高，调整管线安装平面布置。

3.组织施工班组应按设计变更要求对水电管线进行整改，在安装处理完毕后，施工项目经理部组织自检并报项目监理机构重新验收。

项目监理机构（盖章）

总监理工程师（签字并加盖执业印章）：赵××

××××年××月××日

注：本表一式三份，项目监理机构、建设单位、施工单位各一份。

4.5 工程复工令

当工程具备复工条件时，施工单位提出复工申请的，项目监理机构应审查施工单位报送的《工程复工报审表》及有关材料，在符合要求后，总监理工程师应及时签署审查意见，并应报建设单位批准后签发《工程复工令》。施工单位未提出复工申请的，总监理工程师应根据工程实际情况指令施工单位恢复施工。

4.5.1 基本规定

（1）总监理工程师签发《工程复工令》，应事先征得建设单位同意。

（2）《工程复工令》应由总监理工程师签发，并加盖总监理工程师执业印章及项目监理机构章。

（3）因非施工单位原因引起的工程暂停施工的，具备复工条件时，总监理工程师应及时签发《工程复工令》。

（4）《工程复工令》应及时送达施工单位并要求施工单位签收，同时应报送建设单位，项目监理机构应留存备查。

（5）施工单位报送复工报审表，总监理工程师签署审批意见，并报建设单位批准后签发《工程复工令》。

4.5.2 工程复工令的填写要求

（1）《工程复工令》须注明复工的部位、范围、复工日期，并与《工程暂停令》相对应。

（2）必要时附复工部位影像资料等相关资料。

《工程复工令》填写示例：

工程复工令

工程名称：××工程　　　　　　　　　　　　　　　　　　　　　　　　编号：××

致：××建设有限公司（施工单位）

我方于××××年××月××日发出的编号为××的《工程暂停令》，要求暂停1号楼2层水电管线安装施工。经查，目前已具备复工条件，经建设单位同意，现通知你方于××××年××月××日××时起恢复施工。

附件：工程复工部位相关资料。

项目监理机构（盖章）

总监理工程师（签字并加盖执业印章）：赵××

××××年××月××日

注：本表一式三份，项目监理机构、建设单位、施工单位各一份。

4.6 监理通知单

监理通知单是工程项目监理机构依据委托监理合同和相关规定所授予的权限，针对施工单位出现的质量、安全、进度等各种问题而签发的要求施工单位整改的指令性文件。

4.6.1 基本规定

（1）项目监理机构发现施工存在质量问题的，或施工单位采用不适当的施工工艺，或施工不当，造成工程质量不合格的，应及时签发《监理通知单》，并要求施工单位整改。在整改完毕后，项目监理机构应根据施工单位报送的《监理通知回复单》对整改情况进行复查，并提出复查意见。

（2）项目监理机构应检查施工进度计划的实施情况，发现实际进度严重滞后于计划进度且影响合同工期时，应签发《监理通知单》，并要求施工单位采取调整措施加快施工进度，总监理工程师应向建设单位报告工期延误风险。

（3）项目监理机构在巡视检查危险性较大分部、分项工程专项施工方案实施情况时，发现施工单位未按专项施工方案实施时，应签发《监理通知单》，并要求施工单位按专项施工方案实施。

（4）项目监理机构在实施监理过程中，发现工程存在安全事故隐患时，应签发《监理通知单》，要求施工单位整改；情况严重时，应签发《工程暂停令》，并应及时报告建设单位。施工单位拒不整改或不停止施工时，项目监理机构应及时向有关主管部门报送监理报告。

（5）项目监理机构在施工过程中应视问题的影响程度和出现的频度，可先采取口头通知，对重要问题或口头通知无果的问题应及时签发《监理通知单》。

（6）经总监理工程师同意后，《监理通知单》可以由专业监理工程师签发，但重大问题《监理通知单》应由总监理工程师签发，《监理通知单》应加盖项目监理机构章。

（7）《监理通知单》应一式三份，项目监理机构、建设单位、施工单位各一份。

（8）《监理通知单》必有对应《监理通知回复单》以及整改后的文字记录，必要时附整改照片，必须做到闭环管理，资料应归档保存。

（9）工程项目监理机构下发《监理通知单》要注意尺度，既不能不发通知，也不能滥发，以维护《监理通知单》的权威性。

4.6.2 监理通知单的签发

工程中出现但不限于以下情况时，项目监理机构应签发监理通知单：

（1）施工现场经常出现，经口头通知或其他形式通知，仍时有发生，影响工程质量和施工安全的问题；

（2）施工现场未按审批的方案、设计图纸施工，存在质量隐患；

（3）现场发现使用不合格材料或工艺做法不符合施工规范和标准，存在质量隐患；

（4）施工现场未按审批的施工方案施工，现场存在安全隐患；

（5）施工现场未按程序进行报验，擅自隐蔽的情况；

（6）施工现场未按合同约定内容施工。如现场使用的材料、设备或工艺做法与合同约定或封样样品（样板）不一致等；

（7）施工实际进度严重滞后于计划进度且影响合同工期的。

4.6.3 填写要求

（1）表中的“事由”应填写通知内容的主题词，相当于标题。

（2）表中的“内容”一般应写明该事件发生的时间、部位、问题及后果，整改要求和回复期限。

（3）必要时应附工程问题隐患部位的照片或其他影像资料。

（4）描述用词尽量避免使用“基本”“一些”“少数”等模糊用词。对要求严格程度不同的用词，应分别采用“必须”“严禁”“应”“不应”“不得”或“宜”“可”“不宜”等，和规范的用词一样，应保持严肃与严谨的态度。

（5）填写的工程名称应与施工许可证上的工程名称一致。

（6）签字应真实、清楚，不得涂改、代签。

（7）签发的《监理通知单》编号应连续，表述的内容必须清楚、语言规范、处理意见明确。

（8）签发《监理通知单》时注意时效性，应及时签发，必要时把签发时的具体时间签清楚。在撰写《监理通知单》时，一方面要坚持原则，分清责任，既要提出问题所在，还要提出解决问题的要求和应当达到的目标；另一方面，内容应准确、完整、条理性强、表达清晰且要符合一定的格式要求。

（9）存在问题部位的表述应具体。如问题出现在主楼三层楼板某梁的具体部位时应注明：“主楼三层楼板⑥轴、（A）~（B）列L5梁”。

（10）用数据说话，详细描述问题存在的违规内容。一般应包括监理实测值、设计值、允许偏差值、违反规范名称及条款等，如："梁钢筋保护层厚度局部实测值为18mm，设计值为25mm，已超出允许偏差±5mm，违反《混凝土结构工程施工质量验收规范》GB 50204—2015第5.5.2条款规定"。

（11）要求承包单位的整改时限应叙述具体，如："收到本通知48小时内"。

（12）要求承包单位采取预防措施，防止类似问题的再次发生。

（13）签收时间应具体，特殊事件宜详细到分钟，如："××××年××月××日上午9:30监理签发，上午9:35承包单位负责人签收"。

（14）反映的问题如果能用照片予以记录的，应附上照片。

《监理通知单》填写示例：

监理通知单

工程名称：××工程　　编号：××

致：××建设有限公司（施工单位）

事由：现场混凝土外观质量问题。

内容：项目监理机构人员在巡查中发现，施工现场1号楼2层存在以下问题：

1. 2层顶板27～30×D～J轴现浇板的混凝土外观质量，该现浇板底部存在裂缝质量缺陷，不符合《混凝土结构工程施工质量验收规范》GB 50204—2015第8.2.1条的规定；

2. 2层顶板7～10×A～H轴现浇板的混凝土外观质量，该现浇板底部存在夹渣质量缺陷，不符合《混凝土结构工程施工质量验收规范》GB 50204—2015第8.2.1条的规定。

现要求你单位增强质量意识，加强管理，立即组织人员对已施工混凝土结构的外观质量进行全面排查自检，限期3天提出整改方案并报项目监理机构批准后执行，在整改完毕自检合格后，向项目监理机构申请复查。

项目监理机构（盖章）

总/专业监理工程师（签字）：陈××

××××年××月××日

注：本表一式三份，项目监理机构、建设单位、施工单位各一份。

4.7 监理通知回复单

施工单位在接到《监理通知单》之后，根据通知中提到的问题，认真分析，制定措施，及时整改，并根据整改结果填写《监理通知回复单》，必要时附有关证明资料，包括检查记录、对应部位的影像资料等。

4.7.1 基本要求

(1)《监理通知回复单》应经项目经理签字、项目经理部盖章后，报项目监理机构复查。

(2) 针对《监理通知单》的要求，应简要说明落实过程、结果及自检情况。

(3)《监理通知回复单》的签署人一般为《监理通知单》的原签发人，重大问题由总监理工程师确认，并加盖项目监理机构章。

(4) 专业监理工程师应详细核查施工单位所报《监理通知回复单》的有关资料，符合要求后填写“已按《监理通知单》整改完毕，经检查符合要求”的意见，如不符合要求，应具体指明不符合要求的项目或部位，签署“不符合要求，要求承包单位继续整改”的意见。

(5) 其他需要说明的问题：当内容较少时，可以直接在下方填写；当内容较多时，可单独编制作为附件。

《监理通知回复单》填写示例：

监理通知回复单

工程名称：××工程

编号：××

致：××工程监理有限公司（项目监理机构）

我方接到编号为××的《监理通知单》后，已按要求完成相关工作，请予以复查。

需要说明的情况：

我项目部收到编号为××的《监理通知单》后，立即组织有关人员对现场已完成的混凝土观感质量进行了全面排查，共发现此类问题××处，并按项目监理机构××月××日审批的整改方案整改完毕，经自检达到了质量验收规范的要求。同时对现场施工人员进行了质量技术交底，并保证在今后的施工过程中严格控制施工质量，确保工程质量目标的实现。

施工项目经理部（盖章）

项目经理（签字）：陆××

××××年××月××日

复查意见：

经对编号为××的《监理通知单》提出的问题复查，项目部已按《监理通知单》及《专项整改方案》整改完毕，经检查符合要求。

（如不符合要求，应具体指明不符合要求的部位，签署“不符合要求，要求承包单位继续整改”的意见）。

项目监理机构（盖章）

总/专业监理工程师（签字）：陈××

××××年××月××日

注：本表一式三份，项目监理机构、建设单位、施工单位各一份。

4.8 监理报告

根据《建设工程监理规范》GB/T 50319—2013，项目监理机构在实施监理过程中，发现存在安全事故隐患时，应签发监理通知单，要求施工单位整改；情况严重时，应签发工程暂停令，并应及时报告建设单位。施工单位拒不整改或不停止施工时，项目监理机构应及时向有关主管部门报送监理报告。

4.8.1 基本规定

（1）向有关主管部门报送《监理报告》的前提条件是：在实施监理过程中，项目监理机构发现工程存在安全事故隐患，已签发《监理通知单》；情况严重时，已签发《工程暂停令》并报告建设单位后，施工单位仍拒不整改或不停止施工。

（2）项目监理机构报送《监理报告》的同时，应将已签发的《监理通知单》或《工程暂停令》及反映工程现场安全事故隐患的照片或其他影像资料，作为附件一并报送主管部门。

（3）在紧急情况下，项目监理机构可通过电话、传真或者电子邮件向有关主管部门报告，事后应以书面《监理报告》送达政府有关主管部门，同时抄报建设单位和工程监理单位。

（4）《监理报告》应由总监理工程师签发，并加盖项目监理机构章。

（5）项目监理机构应妥善保存《监理报告》报送的有效证据。

《监理报告》填写示例：

监理报告

工程名称：××工程　　　　　　　　　　　　　　　　　　　　　　　　编号：××

致：××市安全监督站（主管部门）

由 ××建设有限公司（施工单位）施工的 ××工程 1号楼深基坑护坡因雨造成局部空洞，存在安全隐患。针对此问题我方已于××××年××月××日发出编号为××的《监理通知单》，施工单位未予及时整改。为督促施工单位消除安全隐患，我方于××××年××月××日向建设单位上报后发出编号为××的《工程暂停令》，但施工单位仍未整改。

特此报告。

附件：1.监理通知单；

2.工程暂停令；

3.其他。

项目监理机构（盖章）

总监理工程师（签字）：赵××

××××年××月××日

注：本表一式四份，主管部门、建设单位、工程监理单位、项目监理机构各一份。

4.9 工作联系单

工作联系单用于项目监理机构与工程建设有关方（包括建设单位、施工单位、勘察单位、设计单位、监理单位等单位和上级主管部门）之间的日常工作联系，包括告知、督促和建议等事项。

4.9.1 基本规定

（1）有权签发《工作联系单》的负责人有：建设单位现场代表、施工单位项目经理、工程监理单位总监理工程师、设计单位本工程设计负责人及工程项目其他参建单位的相关负责人等。

（2）《工作联系单》应写明收文单位、事由、抄送单位和发文日期。

（3）《工作联系单》的制作份数可根据需要确定，但项目监理机构应保存一份备查。

（4）项目监理机构签发的《工作联系单》应要求接收方签收。对其他单位签发的《工作联系单》应签收、登记，并在相关工作处理完毕后归档保存。

《工作联系单》填写示例：

工作联系单

工程名称：××工程　　　　编号：××

致：××建设有限公司（施工单位）

事由：现场存在安全隐患

内容：项目监理机构人员在日常巡查中发现1号楼深基坑护坡因雨造成局部空洞，存在安全隐患。为保证安全生产，我方已于××××年××月××日发出编号为××的《监理通知单》，但贵单位未及时组织整改。望贵单位提高安全意识，加强安全管理，及时组织人员整改并消除安全隐患，防止安全事故发生。

项目监理机构（盖章）

总监理工程师（签字）：赵××

××××年××月××日

注：本表一式三份，项目监理机构、建设单位、施工单位各一份。

4.10 工程款支付证书

《工程款支付证书》是项目监理机构收到施工单位报送的《工程款支付报审表》后批复用表。其由各专业工程监理工程师按照施工合同进行审核，及时抵扣工程预付款后，确认应该支付工程款的项目及款额，提出意见，经过总监理工程师审核签认后，报送建设单位，作为支付的证明，同时批复给施工单位，随本表应附施工单位报送的《工程款支付报审表》及其附件。

4.10.1 基本规定

(1) 专业监理工程师对施工单位在《工程款支付报审表》中提交的工程量和支付金额进行复核，确定实际完成的工程量，提出到期应支付给施工单位的金额，并提出相应的支持性材料。

(2) 总监理工程师对专业监理工程师的审查意见进行审核，签认后报建设单位审批。

(3) 总监理工程师根据建设单位的审批意见，向施工单位签发《工程款支付证书》。

(4)《工程款支付证书》由项目总监理工程师签发，加盖项目监理机构章和总监理工程师执业印章，并抄报建设单位。

4.10.2 工程款支付证书的填写要求

(1) 施工单位申报款、施工单位应得款、本期应扣款和本期应付款均应按经建设单位批准的《工程款支付报审表》填写。

(2)《工程款支付证书》中的数额及签字应真实、清楚，不得涂改、代签。

《工程款支付证书》填写示例：

工程款支付证书

工程名称：××工程　　　　　　　　　　　　　　　　　　　　　　　　　　编号：××

致：××建设有限公司（施工单位）

根据施工合同的约定，经审核编号为××的工程款支付报审表，扣除有关款项后，同意支付工程款共计（大写）××（小写××）。

其中：

施工单位申报款为：××元整；

经审核施工单位应得款为：××元整；

本期应扣款为：××元整；

本期应付款为：××元整。

附件：1.施工单位的工程款支付报审表及附件；

2.项目监理机构审查记录。

项目监理机构（盖章）

总监理工程师（签字并加盖执业印章）：赵××

××××年××月××日

注：本表一式三份，项目监理机构、建设单位、施工单位各一份。

4.11 竣工移交证书

工程项目的竣工验收是施工全过程的最后一道程序，也是工程项目管理的最后一项工作。它是建设投资成果转入生产或使用的标志，也是全面考核投资效益、检验设计和施工质量的重要环节，工程竣工验收完成后颁发工程竣工移交证书。工程竣工验收完成后，由建设单位代表、施工单位项目经理和项目总监理工程师共同签署《竣工移交证书》。

4.11.1 基本规定

（1）《竣工移交证书》是施工单位将工程移交建设单位管理的证明文件，子单位工程也可单独开具竣工移交证书。

（2）《竣工移交证书》签发人为建设单位代表、施工单位项目经理和项目总监理工程师，并加盖各方单位公章。

《竣工移交证书》填写示例：

<table>
<tr><td colspan="2">竣工移交证书</td><td>资料编号</td><td>001</td></tr>
<tr><td>工程名称</td><td colspan="3">××工程</td></tr>
<tr><td colspan="4">致 ××××公司 （建设单位）：
兹证明施工单位 ×× 建设有限公司 施工的 ×× 工程，已按施工合同的要求完成，并验收合格，即日起该工程移交建设单位管理，并进入保修期。
附件：单位工程验收记录</td></tr>
<tr><td colspan="2">总监理工程师（签字）</td><td colspan="2">监理单位（章）</td></tr>
<tr><td colspan="2">同意移交

日期：××××年××月××日</td><td colspan="2">日期：××××年××月××日</td></tr>
<tr><td colspan="2">建设单位代表（签字）</td><td colspan="2">建设单位（章）</td></tr>
<tr><td colspan="2">同意接收

日期：××××年××月××日</td><td colspan="2">日期：××××年××月××日</td></tr>
</table>

注：本表由监理单位填写。

第五章 审批类资料

监理审批类资料是指项目监理机构对施工单位报审的文件资料进行审核、审批所形成的监理文件资料。一般包括施工组织设计、工程开工报审资料、分包单位资格、施工进度计划、施工方案、专项施工方案、工程复工报审资料、工程变更、费用索赔、工程延期、工程款支付等文件报审资料。

5.1 施工组织设计

施工组织设计是指以施工项目为对象编制的，用以指导施工的技术、经济和管理的综合性文件。

5.1.1 基本要求

（1）施工组织设计应由施工项目负责人主持编制，可根据需要分阶段编制和审批。

（2）施工组织总设计应由施工总承包单位技术负责人审批；单位工程施工组织设计应由施工单位技术负责人或技术负责人授权的技术人员审批；施工方案应由项目技术负责人审批；重点、难点分部（分项）工程和专项工程施工方案应由施工单位技术部门组织相关专家评审，施工单位技术负责人批准。

（3）由专业施工单位施工的分部（分项）工程或专项工程的施工方案，应由专业施工单位技术负责人或技术负责人授权的技术人员审批；有总承包单位时，应由总承包单位项目技术负责人核准备案。

（4）规模较大的分部（分项）工程和专项工程的施工方案应按单位工程施工组织设计进行编制和审批。

（5）施工组织设计应实行动态管理，项目施工过程中，发生以下情况之一时，施工组织设计应及时进行修改或补充：

①工程设计有重大修改；

②有关法律、法规、规范和标准实施、修订和废止；

③主要施工方法有重大调整；

④主要施工资源配置有重大调整；

⑤施工环境有重大改变。

(6)经修改或补充的施工组织设计应重新审批后实施。

(7)项目施工前，应进行施工组织设计逐级交底；在项目的施工过程中，应对施工组织设计的执行情况进行检查、分析并进行适时调整。

(8)项目监理机构应接收施工单位在《建设工程施工合同》约定期限内报审的施工组织设计，并在约定期限内确认或提出修改意见。

(9)施工组织设计应在工程竣工验收后归档。

5.1.2 施工组织设计的审查要点

(1)总监理工程师应及时组织专业监理工程师依据勘察设计合同、施工合同、技术标准、规范与规程等，审查施工组织设计的下列内容：

①施工组织设计报审表的形式要件是否真实、完整，施工组织设计是否经施工单位技术负责人审批签字并加盖施工单位公章，若为分包单位编制的施工组织设计，施工单位是否按规定完成相关审批手续；

②施工进度、施工方案、工程质量保证措施是否合理可行，是否符合施工合同要求；

③资金、劳动力、材料、设备等资源供应计划是否满足工程施工需要；

④安全技术措施是否符合工程建设强制性标准；

⑤施工总平面布置是否科学合理；

⑥施工组织设计中的安全生产事故应急预案中的应急组织体系、相关人员职责、预警预防制度、应急救援措施是否合理可行。

针对上述各专项内容的专业审查和评价，可由相关专业监理工程师提出审查意见，总监理工程师审批签认。

(2)总监理工程师审批前，应重点对施工组织设计中的安全技术措施或专项方案进行程序性、符合性、针对性审查，内容如下：

①程序性审查。施工组织设计中的安全技术措施或安全专项施工方案是否已经过施工单位有关部门的专业技术人员进行审核；经审核合格的，是否已由施工单位技术负责人签字并加盖单位公章；专项施工方案经专家论证审查的，是否已履行论证，并按论证报告修改专项方案，不符合程序要求的应予退回。

②符合性审查。施工组织设计中的安全技术措施或专项施工方案必须符合安全生产法律、法规、规范，工程建设强制性标准及工程所在地有关安全生产的规定，必要时附安全验算结果。须经专家论证审查的项目，应附专家论证的书面报告。安全专项施工方案还应包含紧急救援措施等应急救援预案。

③针对性审查。安全技术措施或专项施工方案应针对工程特点、施工工艺、所处环境、施工管理模式、现场实际情况，具有可操作性。

④经专职安全监理人员或专业监理工程师进行审查后，应在报审表上签写监理意见，并由总监理工程师签认。

⑤经审查如不符合程序和有关规定的，以及缺乏针对性应予退回，通知其重新编写，或修改补充后再报审。

总监理工程师审核认为符合要求的，由总监理工程师签认，并应明确表示“同意，请按照本施工组织设计执行”；需要修改的，由总监理工程师签发书面意见。并应明确表示“本施工组织设计不可行，修改后重新申报”。审核意见由总监理工程师签字并加盖执业印章和项目监理机构章。项目监理机构若有详细的书面审查意见或建议，可以以附件方式表示。已签认的施工组织设计由项目监理机构报送建设单位。

施工组织设计报审表应按《建设工程监理规范》GB/T 50319—2013表B.0.1的要求填写。

《施工组织设计报审表》填写示例：

施工组织设计报审表

工程名称：××工程　　　　　　　　　　　　　　　　　　　　　　　　　　编号：××

<table>
<tr><td>致：××工程监理公司（项目监理机构）
我方已完成××工程施工组织设计的编制，并按规定已完成相关审批手续，请予以审查。
附件：施工组织设计。

施工项目经理部（盖章）
项目经理（签字）：陆××
××××年××月××日</td></tr>
<tr><td>审查意见：
1.编审程序符合相关规定；
2.本施工组织设计编制内容能够满足本工程施工质量目标、进度目标、安全生产和文明施工目标；
3.施工平面布置满足工程质量进度要求；
4.施工进度、施工方案及工程质量保证措施可行；
5.资金、劳动力、材料、设备等资源供应计划与进度计划衔接；
6.安全生产保障体系及采用的技术措施符合相关标准要求。

专业监理工程师（签字）：陈××
××××年××月××日</td></tr>
<tr><td>审核意见：
同意，请按照本施工组织设计执行。

项目监理机构（盖章）
总监理工程师（签字并加盖执业印章）：赵××
××××年××月××日</td></tr>
<tr><td>审批意见（仅对超过一定规模的危险性较大部分项工程专项方案）：

建设单位（盖章）
建设单位代表（签字）：李××
××××年××月××日</td></tr>
</table>

注：本表一式三份，项目监理机构、建设单位、施工单位各一份。

5.2 工程开工报审表

根据《建设工程监理规范》GB/T 50319—2013，总监理工程师应组织专业监理工程师审查施工单位报送的工程开工报审表及相关资料；经审核具备开工条件时，由总监理工程师签署审核意见，并报建设单位批准后，总监理工程师签发工程开工令。

5.2.1 基本要求

（1）项目监理机构收到施工项目经理签字并加盖施工单位公章的《工程开工报审表》后，应及时对证明文件资料及现场情况进行核查，作出是否满足开工条件的判断。

（2）审核意见由总监理工程师签字，并加盖执业印章和项目监理机构章。

（3）《工程开工报审表》需报建设单位审批并签署意见。

（4）项目监理机构可以一并审核施工单位一次性填报的同一施工合同中同时开工的单位工程的《工程开工报审表》。

（5）《工程开工报审表》应按《建设工程监理规范》GB/T 50319—2013表B.0.2的要求填写。

5.2.2 对工程开工报审表的审查

总监理工程师应组织专业监理工程师审查施工单位报送的开工报审表及证明资料外，还应对施工现场临时设施是否满足开工条件进行核查。根据《建设工程监理规范》GB/T 50319—2013并结合相关监理工作标准，施工单位工程开工报审表须经监理审核同意、建设单位审批，且同时具备下列条件，总监理工程师方可签发工程开工令：

（1）建设单位对工程开工报审表签署同意开工意见；

（2）工程施工许可手续已办理；

（3）设计交底和图纸会审已完成；

（4）施工组织设计已经监理审批通过；

（5）施工现场质量、安全生产管理体系已建立，管理及施工人员已到位，施工机械具备使用条件，主要工程材料已落实；

（6）施工进度计划已经监理审批通过；

（7）首道工序施工方案已经监理审批通过；

(8) 首道工序施工用材料已经监理验收合格；

(9) 进场道路及水、电等已满足开工要求；

(10) 工程所在地建设行政主管部门的要求。

如合同无约定，工期自工程开工令中载明的开工日期起算。

《工程开工报审表》填写示例：

工程开工报审表

工程名称：××工程　　　　　　　　　　　　　　　　　　　　　　　　编号：××

<table>
<tr><td>
致：××××公司（建设单位）
××工程监理有限公司（项目监理机构）
我方承担的××工程，已完成相关准备工作，具备开工条件，特申请于××××年××月××日开工，请予以审批。

附件：1.证明文件资料；
2.施工现场质量管理检查记录表。

施工单位（盖章）
项目经理（签字）：陆××
××××年××月××日
</td></tr>
<tr><td>
审核意见：
1.本项目已进行设计交底及图纸会审，图纸会审的相关意见已经落实；
2.施工组织设计已经项目监理机构审核同意；
3.施工单位已建立相应的现场质量、安全生产管理体系；
4.相关管理人员及特种施工人员资质已审查并已到位，主要施工机械已进场并验收完成，主要工程材料已落实；
5.现场施工道路及水、电、通信及临时设施等已按施工组织设计落实。
经审查，本工程现场准备工作满足开工要求，请建设单位审批。

项目监理机构（盖章）
总监理工程师（签字并加盖执业印章）：赵××
××××年××月××日
</td></tr>
<tr><td>
审批意见：
同意开工。

建设单位（盖章）
建设单位代表（签字）：郑××
××××年××月××日
</td></tr>
</table>

注：本表一式三份，项目监理机构、建设单位、施工单位各一份。

5.3 分包单位资格

根据《建设工程监理规范》GB/T 50319—2013，在分包工程开工前，项目监理机构应审核施工单位报送的分包单位资格报审表，专业监理工程师提出审查意见后，应报总监理工程师审核签认。

5.3.1 基本要求

（1）项目监理机构应在分包工程开工前，及时审查施工单位报送的由项目经理签字并加盖施工项目经理部印章的《分包单位资格报审表》及其附件。

（2）分包单位资格审查应包括下列内容：

①报审表填写的分包单位名称是否与分包单位营业执照、资质证书、安全生产许可证等文件一致；

②分包工程名称（部位）、分包工程量、分包工程合同额等是否填写完整、有无明显错误；

③所列附件是否齐全；

④分包单位营业执照、企业资质等级证书是否有效，是否满足本项目分包工程要求；

⑤分包单位安全生产许可文件是否真实有效；

⑥分包单位类似工程业绩证明资料是否真实（如有要求）；

⑦分包单位的专职管理人员和特种作业人员资格是否满足要求；

⑧分包单位与施工单位是否签订安全生产管理协议；

⑨施工单位对分包单位的管理制度是否完善。

（3）对分包单位资格所含各项基本内容是否符合要求提出客观审查意见，由负责审查专业监理工程师签字，并报总监理工程师。

（4）总监理工程师审核后应签署具有明确结论的审核意见，如“同意申报，该分包单位可在拟定的施工范围内开展施工”或“不同意，请施工单位补充材料重新申报或应另行选择分包单位”。总监理工程师应签字，加盖项目监理机构章。

（5）经审核的《分包单位资格报审表》应及时反馈施工单位，并报送建设单位。

（6）分包单位资格报审表应按《建设工程监理规范》GB/T 50319—2013表B.0.4的要求填写。

5.3.2 分包单位资格审核的基本内容

根据《建设工程监理规范》GB/T 50319—2013，分包单位资格审核应包括下列基本内容：

（1）营业执照、企业资质等级证书；

（2）安全生产许可文件；

（3）类似工程业绩；

（4）专职管理人员和特种作业人员的资格。

《分包单位资格报审表》填写示例：

分包单位资格报审表

工程名称：××工程　　　　　　　　　　　　　　　　　　　　　　　　编号：××

致：××工程监理有限公司（项目监理机构）

经考察，我方认为拟选择的 ××公司（分包单位）具有承担下列工程的施工或安装资质和能力，可保证本工程按施工合同第 ×× 条款的约定进行施工或安装。分包后，我方仍承担本工程合同的全部责任。请予以审查。

分包工程名称（部位）	分包工程量	分包工程合同额
桩基工程	××根	××元
合计		××元

附件：1.分包单位资质材料：营业执照、资质证书、安全生产许可证等证书复印件；

2.分包单位业绩材料：近3年类似工程施工业绩；

3.分包单位专职管理人员和特种作业人员的资格证书：各类人员资格证书复印件 ×× 份；

4.施工单位对分包单位的管理制度。

施工项目经理部（盖章）

项目经理（签字）：陆××

××××年××月××日

审查意见：

经审查，分包单位资质、业绩材料真实有效，具有承担分包工程的施工资质和施工能力。

专业监理工程师（签字）：陈××

××××年××月××日

审核意见：

经审核，同意申报，该分包单位可在拟定的施工范围内开展施工。

项目监理机构（盖章）

总监理工程师（签字）：赵××

××××年××月××日

注：本表一式三份，项目监理机构、建设单位、施工单位各一份。

5.4 施工进度计划报审表

施工进度计划是施工组织设计的关键内容，是控制工程施工进度和工程施工期限等各项施工活动的依据。进度计划是否合理，直接影响施工速度、成本和质量，因此施工组织设计的一切工作都要以施工进度为中心来安排。

根据《建设工程监理规范》GB/T 50319—2013，项目监理机构应审查施工单位报审的施工总进度计划和阶段性施工进度计划，提出审查意见，并应由总监理工程师审核后报建设单位。

5.4.1 基本规定

（1）项目监理机构收到施工单位在《建设工程施工合同》约定期限内报送的《施工进度计划报审表》及所附进度计划后，应在规定期限内确认或提出修改意见。

（2）群体工程中单位工程分期进行施工的，项目监理机构应要求施工单位按照建设单位提供图纸及有关资料的时间，分别编制各单位工程的进度计划。

（3）项目监理机构应审查施工总进度计划是否经其企业技术负责人审批，编制、审核、批准人签字及单位公章是否齐全。

（4）项目监理机构应对施工总进度计划/阶段性进度计划根据实际情况进行审查后签署审查意见，审查意见应为客观评价而非结论性意见，审查意见由负责审查的专业监理工程师签字。

（5）总监理工程师对专业监理工程师意见进行审核，签署包含是否同意按此进度计划执行明确结论的审核意见并签字，加盖项目监理机构章。

（6）应及时将签署了审查意见的《施工进度计划报审表》反馈给施工单位，报建设单位。

（7）施工进度计划报审表应按《建设工程监理规范》GB/T 50319—2013表B.0.12的要求填写。

5.4.2 施工进度计划审查的基本内容

根据《建设工程监理规范》GB/T 50319—2013，施工进度计划审查应包括下列基本内容：

（1）施工进度计划应符合施工合同中工期的约定；

（2）施工进度计划中主要工程项目无遗漏，应满足分批投入运行、分批动用的需要，阶段性施工进度计划应满足总进度控制目标的要求；

(3) 施工顺序的安排应符合施工工艺要求；

(4) 施工人员、工程材料、施工机械等资源供应计划应满足施工进度计划的需要；

(5) 施工进度计划应满足建设单位提供的资金、施工图纸、施工场地、物资等施工条件。

项目监理机构应检查进度计划实施情况，发现实际进度严重滞后于计划进度且影响合同工期的，应签发监理通知单，要求施工单位采取调整措施加快施工进度。

项目监理机构应比较分析工程施工实际进度与计划进度，预测实际进度对工程总工期的影响，并应在监理月报中向建设单位报告工程实际进展情况。

总监理工程师应及时向建设单位报告工期延误风险。

《施工进度计划报审表》填写示例：

施工进度计划报审表

工程名称：××工程　　　　　　　　　　　　　　　　　　　　编号：××

<table>
<tr><td>致：××工程监理有限公司（项目监理机构）
我方根据施工合同的有关约定，已完成××工程施工进度计划的编制和批准，请予以审查。

附件：1.施工总进度计划；
2.阶段性进度计划。

施工项目经理部（盖章）
项目经理（签字）：陆××
××××年××月××日</td></tr>
<tr><td>审查意见：
经审查，所报工程进度计划与合同工期相符，同意按此进度计划组织施工。

专业监理工程师（签字）：陈××
××××年××月××日</td></tr>
<tr><td>审核意见：
同意该进度计划，严格按照该进度计划组织施工。

项目监理机构（盖章）
总监理工程师（签字）：赵××
××××年××月××日</td></tr>
</table>

注：本表一式三份，项目监理机构、建设单位、施工单位各一份。

5.5 施工方案

施工方案是指以分部（分项）工程或专项工程（包括危险性较大的分部分项工程）为主要对象编制的施工技术与组织方案，用以具体指导其施工过程的操作性文件。

5.5.1 基本要求

（1）项目监理机构应当在分部（分项）工程或专项工程（包括危险性较大的分部分项工程）施工前审查施工单位报送的该分部分项工程专项施工方案。

（2）项目分部（分项）工程或专项工程专项施工方案应有针对性和可行性，能突出重点和难点，并制定出可行的施工方法和保障措施，方案应能满足工程的质量、安全、工期要求，且经济合理。

（3）在经总监理工程师审核后，应给出明确结论。符合要求的，应签署“同意，请按此方案实施”内容的审核意见；不符合要求的，应签署包括“此方案不可行，请修改后重新报审”内容的审核意见。总监理工程师在报审表中签字并加盖执业印章和项目监理机构章。

（4）分部（分项）工程或专项工程（包括危险性较大的分部分项工程）施工方案报审表应按《建设工程监理规范》GB/T 50319—2013表B.0.1的要求填写。

5.5.2 对施工方案的审查要点

总监理工程师应组织专业监理工程师依据有关工程建设标准、勘察设计文件、合同文件及已批准的施工组织设计，及时认真审查分部（分项）工程或专项工程（包括危险性较大的分部分项工程）施工方案的下列内容：

（1）该分部（分项）工程或专项工程（包括危险性较大的分部分项工程）施工方案报审表是否有项目经理签字并加盖施工项目部章；

（2）该分部（分项）工程或专项工程（包括危险性较大的分部分项工程）施工方案是否有编制人和审批人的签字；

（3）该分部（分项）工程或专项工程（包括危险性较大的分部分项工程）施工方案内容是否具有针对性和可操作性，是否符合施工组织设计的要求；

（4）该分部（分项）工程或专项工程（包括危险性较大的分部分项工程）施工方案中的工程质量保证措施是否符合有关标准。

项目监理机构的审查意见应为针对上述内容的客观评价，并应由负责审查的专业监理工程师签字，报总监理工程师审核。

《施工方案报审表》填写示例：

施工方案报审表

工程名称：××工程　　　　　　　　　　　　　　　　　　　　　　编号：××

<table>
<tr><td>致：××工程监理公司（项目监理机构）
我方已完成 ××项目 混凝土工程施工方案的编制，并按规定已完成相关审批手续，请予以审查。

附件：混凝土工程施工方案。

施工项目经理部（盖章）
项目经理（签字）：陆××
××××年××月××日</td></tr>
<tr><td>审查意见：
1.编审程序符合相关规定；
2.该方案编制内容能够满足本工程施工质量目标、进度目标、安全生产和文明施工目标；
3.施工平面布置满足工程质量进度要求；
4.施工进度、施工方案及工程质量保证措施可行；
5.资金、劳动力、材料、设备等资源供应计划与进度计划衔接；
6.安全生产保障体系及采用的技术措施符合相关标准要求。

专业监理工程师（签字）：陈××
××××年××月××日</td></tr>
<tr><td>审核意见：
同意专业监理工程师的意见，同意按此方案组织施工。

项目监理机构（盖章）
总监理工程师（签字并加盖执业印章）：赵××
××××年××月××日</td></tr>
<tr><td>审批意见（仅对超过一定规模的危险性较大部分项工程专项方案）：

建设单位（盖章）
建设单位代表（签字）：王××
××××年××月××日</td></tr>
</table>

注：本表一式三份，项目监理机构、建设单位、施工单位各一份。

5.6 施工方案（超规模危大工程）

超规模危大工程专项施工方案是指根据相关安全生产法律法规所规定的超过一定规模的危险性较大的分部分项工程，并按照专项技术规范规定而编制的专项施工方案。

5.6.1 基本要求

（1）超过一定规模的危险性较大的分部分项工程专项施工方案的编制、论证及审查，应按照《危险性较大的分部分项工程安全管理规定》执行。

（2）项目监理机构应当在超过一定规模的危险性较大的分部分项工程施工前审查施工单位报送的专项施工方案并签署意见。当需要修改的，应由总监理工程师签署意见，要求施工单位修改后按程序重新报审。

（3）对超过一定规模的危险性较大的分部分项工程专项施工方案，施工单位应按法律法规规定的程序进行审批并组织专家对专项方案进行论证。

（4）总监理工程师应组织专业监理工程师对施工单位报送的超过一定规模的危险性较大的分部分项工程专项施工方案编审程序、各项措施的符合性以及方案内容的针对性和可操作性进行详细审查。

（5）总监理工程师应在专业监理工程师审查的基础上检查该方案是否附具安全验算结果，并根据专家论证意见综合作出客观评价，可参照如下内容明确处理意见：

①专家论证意见为“通过”的，施工单位可参考专家意见自行修改完善，要求施工单位按照专项施工方案实施；

②专家论证意见为“修改后通过的”，专家意见要明确具体修改内容，施工单位应当按照专家意见进行修改，并履行有关审核和审查手续后方可实施，修改情况应及时告知专家；

③专家论证意见为“不通过”的，总监理工程师应要求施工单位重新编制专项施工方案，重新组织专家论证，重新履行相关审批手续。

（6）超过一定规模的危险性较大的分部分项工程的专项施工方案经项目监理机构审批通过的，审核意见应由总监理工程师签字，并加盖总监理工程师执业印章和项目监理机构章后报建设单位审批并签署意见。

（7）超过一定规模的危险性较大的分部分项工程的专项施工方案报审表应按《建设工程监理规范》GB/T 50319—2013表B.0.1的要求填写。

《专项施工方案报审表》填写示例：

专项施工方案报审表

工程名称：××工程　　　　　　编号：××

<table>
<tr><td>致：××工程监理公司（项目监理机构）
我方已完成××项目深基坑专项施工方案的编制，并按规定已完成相关审批手续，请予以审查。

附件：1.深基坑专项施工方案；
2.专家论证意见。

施工项目经理部（盖章）
项目经理（签字）：陆××
××××年××月××日</td></tr>
<tr><td>审查意见：
1.编审程序符合相关规定，专家论证意见为“通过”；
2.本专项施工方案编制内容能够满足本工程施工质量目标、进度目标、安全生产和文明施工目标均满足施工合同要求；
3.施工平面布置满足工程质量进度要求；
4.施工进度、施工方案及工程质量保证措施可行；
5.资金、劳动力、材料、设备等资源供应计划与进度计划衔接；
6.安全生产保障体系及采用的技术措施符合相关标准要求。

专业监理工程师（签字）：陈××
××××年××月××日</td></tr>
<tr><td>审核意见：
同意专业监理工程师的意见，同意按此方案组织施工。

项目监理机构（盖章）
总监理工程师（签字并加盖执业印章）：赵××
××××年××月××日</td></tr>
<tr><td>审批意见（仅对超过一定规模的危险性较大部分项工程专项方案）：
同意监理单位意见，同意按照本专项施工方案组织施工。

建设单位（盖章）
建设单位代表（签字）：郑××
××××年××月××日</td></tr>
</table>

注：本表一式三份，项目监理机构、建设单位、施工单位各一份。

5.7 工程复工

根据《建设工程监理规范》GB/T 50319—2013，当暂停施工原因消失，具备复工条件时，施工单位提出复工申请的，项目监理机构应审查施工单位报送的工程复工报审表及附件，符合要求后，总监理工程师应及时签署审查意见，并报建设单位审批后签发工程复工令；施工单位未提出复工申请的，总监理工程师应根据工程实际情况指令施工单位恢复施工。

工程复工报审时，应附有能够证明已具备复工条件的相关文件资料，包括相关检查记录、有针对性的整改措施及其落实情况、会议纪要、影像资料等。

5.7.1 基本要求

（1）项目监理机构应及时审查《工程复工报审表》及其附件。

（2）项目监理机构应重点审查附件资料中是否包括相关检查记录，整改措施及落实情况、会议纪要、影像图片等资料，必要时应进行现场核查。

（3）当导致施工暂停的原因是危及结构安全或使用功能时，整改完毕后的证明文件资料中应有建设单位、设计单位、监理单位各方共同认可的整改完成文件。建设工程质量鉴定的文件必须由具有相应资质的检测单位出具。

（4）审核意见应为明确的审查结论，如“经审核，施工单位提交的证明文件资料可以证明引起工程暂停的原因已消除，具备复工条件，请建设单位审批”或“经对施工单位提交的证明文件资料审查和现场核查，不能确认引起工程暂停的原因已消除，尚不具备复工条件，不同意复工”。审核意见由总监理工程师签字，并加盖项目监理机构章。

（5）《工程复工报审表》应报建设单位审批并签署意见。

（6）《工程复工报审表》应按《建设工程监理规范》GB/T 50319—2013表B.0.3的要求填写。

《工程复工报审表》填写示例：

工程复工报审表

工程名称：××工程　　　　　　　　　　　　　　　　　　　　编号：××

<table>
<tr><td>致：××工程监理有限公司（项目监理机构）
编号为××的《工程暂停令》所停工的二层结构顶板，现已满足复工条件，我方申请于××××年××月××日复工，请予以审批。

附件：证明文件资料。

施工项目经理部（盖章）
项目经理（签字）：陆××
××××年××月××日</td></tr>
<tr><td>审核意见：
经审核，施工单位提交的证明文件资料可以证明引起工程暂停的原因已消除，具备复工条件，请建设单位审批。

项目监理机构（盖章）
总监理工程师（签字并加盖执业印章）：赵××
××××年××月××日</td></tr>
<tr><td>审批意见：
同意复工。

建设单位（盖章）
建设单位代表（签字）：郑××
××××年××月××日</td></tr>
</table>

注：本表一式三份，项目监理机构、建设单位、施工单位各一份。

5.8 工程变更

根据《建设工程监理规范》GB/T 50319—2013，项目监理机构应按下列程序处理施工单位提出的工程变更：

（1）总监理工程师组织专业监理工程师审查施工单位提出的工程变更申请，提出审查意见。对涉及工程设计文件修改的工程变更，应由建设单位转交原设计单位修改工程设计文件。必要时，项目监理机构应建议建设单位组织设计、施工等单位召开工程设计文件修改方案的专题论证会议；

（2）总监理工程师组织专业监理工程师对工程变更费用及工期影响作出评估；

（3）总监理工程师组织建设单位、施工单位等共同协商确定工程变更费用及工期变化，会签工程变更单；

（4）项目监理机构根据批准的工程变更文件监督施工单位实施工程变更。

5.8.1 基本要求

（1）项目监理机构应审查施工单位提交的由项目经理签字并加盖施工项目经理部章的《工程变更单》依据是否合理，并提出审查意见。如涉及工程设计文件修改，应由建设单位转交原设计单位修改设计文件。

（2）项目监理机构应及时进行并完成对工程变更费用及工期影响的评估。

（3）《工程变更单》应由变更提出单位填写，写明工程变更原因及变更内容，并附必要附件。工程变更文件资料附件一般包括以下内容：

①变更内容说明及其他说明；

②有关会议纪要及其他依据；

③变更引起的工程量变化分析；

④变更引起的合同价款的估算；

⑤必要的附图及计算资料；

⑥所影响的图纸名称、编号。

（4）总监理工程师应及时组织完成变更协商，会签工程变更单。总监理工程师在变更单上签字并加盖项目监理机构章。

（5）对建设单位要求的工程变更及时提供评估意见。

（6）管理好会签后的工程变更单，并督促施工单位实施。

（7）工程变更单应按《建设工程监理规范》GB/T 50319—2013表C.0.2的要求填写。

工程变更单填写示例：

工程变更单

工程名称：××工程　　　　　　　　　　　　　　　　　　　　　　　　编号：××

<table>
<tr><td colspan="4">致：××工程监理有限公司
由于为增加屋面的防水功能，保证屋面不渗水原因，在原SBS卷材防水层的基础上增加第二层卷材防水工程变更，请予以审批。

附件：1.变更内容；
2.变更设计图；
3.相关会议纪要；
4.其他。

变更提出单位（盖章）
负责人：张××
××××年××月××日</td></tr>
<tr><td colspan="2">工程数量增加或减少</td><td colspan="2">增加××m^2</td></tr>
<tr><td colspan="2">费用增加或减少</td><td colspan="2">增加××元</td></tr>
<tr><td colspan="2">工期变化</td><td colspan="2">延长××日</td></tr>
<tr><td colspan="2">施工项目经理部（盖章）
项目经理（签字）：陆××
××××年××月××日</td><td colspan="2">设计单位（盖章）
设计负责人（签字）：刘××
××××年××月××日</td></tr>
<tr><td colspan="2">项目监理机构（盖章）
总监理工程师（签字）：赵××
××××年××月××日</td><td colspan="2">建设单位（盖章）
负责人（签字）：郑××
××××年××月××日</td></tr>
</table>

注：本表一式四份，建设单位、项目监理机构、设计单位、施工单位各一份。

5.9 费用索赔

费用索赔报审是在收到施工单位报送的《费用索赔报审表》后，工程项目监理机构在针对此项索赔事件进行全面的调查了解、审核与评估后作出的批复。

5.9.1 基本要求

（1）项目监理机构应以法律法规、勘察设计文件、施工合同文件、工程建设标准、索赔事件的证据为主要依据处理费用索赔。

（2）项目监理机构应审查《索赔意向通知书》和《索赔费用报审表》是否在施工合同约定的期限内发出，签字盖章是否符合要求，是否符合相关合同条款，并应在施工合同约定的时限内完成审核工作。

（3）项目监理机构在处理索赔事件时，应遵循“谁索赔，谁举证”原则，首先审查索赔理由是否正当，证据是否有效，并及时收集与索赔有关的资料。

（4）涉及费用索赔的有关施工和监理文件资料包括：施工合同、采购合同、工程变更单、施工组织设计、专项施工方案、施工进度计划、建设单位和施工单位的有关文件、会议纪要、监理记录、监理工作联系单、监理通知单、监理月报及相关监理文件资料等。

（5）总监理工程师在签发《费用索赔报审表》时，可附索赔审查报告，索赔审查报告的内容包括受理索赔的日期、索赔要求、索赔过程、确认的索赔理由及合同依据、批准的索赔额及其计算方法等。

（6）《费用索赔报审表》的审核意见应明确选择“不同意此项索赔”或“同意此项索赔”并明确同意的索赔金额。同时应扼要阐明同意或不同意索赔的理由，详细依据应形成索赔审查报告作为审核意见的附件。

（7）《费用索赔报审表》由专业监理工程师审核后，报总监理工程师审批、签字并加盖执业印章和项目监理机构章。审批前应与建设单位、施工单位协商确定批准的赔付金额。

5.9.2 处理费用索赔的主要依据

根据《建设工程监理规范》GB/T 50319—2013，项目监理机构处理费用索赔的主要依据应包括下列内容：

（1）法律法规；

（2）勘察设计文件、施工合同文件；

（3）工程建设标准；

（4）索赔事件的证据。

5.9.3 费用索赔处理程序

根据《建设工程监理规范》GB/T 50319—2013，项目监理机构可按下列程序处理施工单位提出的费用索赔：

（1）受理施工单位在施工合同约定的期限内提交的费用索赔意向通知书；

（2）收集与索赔有关的资料；

（3）受理施工单位在施工合同约定的期限内提交的《费用索赔报审表》；

（4）审查《费用索赔报审表》。需要施工单位进一步提交详细资料的，应在施工合同约定的期限内发出通知；

（5）与建设单位和施工单位协商一致后，在施工合同约定的期限内签发《费用索赔报审表》，并报建设单位。

5.9.4 费用索赔条件

根据《建设工程监理规范》GB/T 50319—2013，项目监理机构批准施工单位的费用索赔要求应同时满足下列条件：

（1）施工单位在施工合同约定的期限内提出费用索赔；

（2）索赔事件是因非施工单位原因造成的，且符合施工合同约定；

（3）索赔事件造成施工单位直接经济损失的；

（4）当施工单位的费用索赔要求与工程延期要求相关联时，项目监理机构应提出费用索赔和工程延期的综合处理意见，并与建设单位和施工单位协商；

（5）因施工单位原因造成建设单位损失，建设单位提出索赔的，项目监理机构应与建设单位和施工单位协商处理。

《费用索赔报审表》填写示例：

费用索赔报审表

工程名称：××工程　　　　编号：××

<table>
<tr><td>
致：××工程监理有限公司（项目监理机构）
根据施工合同××条款，由于设计变更的原因，我方申请索赔金额（大写）：××元整。请予批准。
索赔理由：五层①～⑦/Ⓑ～Ⓗ轴混凝土工程已按施工图施工完毕后，设计单位变更通知修改，以核发的新设计图为准。因平面布置、配筋等发生重大变动，造成我方直接经济损失。
附件：1.索赔金额的计算；
2.证明材料。
施工项目经理部（盖章）
项目经理（签字）：陆××
××××年××月××日
</td></tr>
<tr><td>
审核意见：
同意此项索赔，索赔金额为（大写）××元整。
附件：索赔审查报告。
项目监理机构（盖章）
总监理工程师（签字并加盖执业印章）：赵××
××××年××月××日
</td></tr>
<tr><td>
审批意见：
同意。
建设单位（盖章）
建设单位代表（签字）：郑××
××××年××月××日
</td></tr>
</table>

注：本表一式三份，项目监理机构、建设单位、施工单位各一份。

5.10 工程临时/最终延期

工程临时延期报审是工程项目监理机构接到施工单位报送的《工程临时延期报审表》并对申报情况进行调查、审核与评估后，初步作出是否同意延期申请的批复。

工程最终延期报审是指工程延期事件结束后，工程项目监理机构根据承包单位报送的《工程最终延期报审表》及延期事件发展期间陆续报送的有关资料，对申报情况进行调查、审核与评估后，向施工单位下达的最终是否同意工程延期日数的批复。

5.10.1 基本要求

（1）项目监理机构处理工程延期应遵循施工合同约定的期限和相关合同条款，应充分与建设单位和施工单位协商。

（2）项目监理机构应审查施工单位是否在合同约定期限内向项目监理机构提交了工程延期《索赔意向通知书》；是否在合同约定的期限内提交了《工程临时/最终延期报审表》，报审表是否有项目经理签字，是否加盖了施工项目部章，是否附有反映工程延期事件的详细资料和证明材料。

（3）项目监理机构在审查《工程临时/最终延期报审表》时，应审查工程延期依据、工期计算方式和结果，并与相关证明材料进行核对。

（4）审核意见应明确选择“同意延期，工程临时/最终延期并填写同意延期的时间（日历天），明确延期后的竣工日期”或“不同意延期，请按原约定竣工日期组织施工”。审核意见由总监理工程师签字并加盖执业印章和项目监理机构章。

（5）《工程临时/最终延期报审表》由总监理工程师签发，签发前必须征得建设单位同意。

（6）《工程临时/最终延期报审表》应按《建设工程监理规范》GB/T 50319—2013表B.0.14的要求填写。

5.10.2 工程临时/最终延期应满足的条件

根据《建设工程监理规范》GB/T 50319—2013，项目监理机构批准工程延期应同时满足下列条件：

（1）施工单位在施工合同约定的期限内提出工程延期的；

（2）因非施工单位原因造成施工进度滞后的；

（3）施工进度滞后影响到施工合同约定的工期的。

施工单位因工程延期提出费用索赔时，项目监理机构应按施工合同约定进行处理。发生工期延误时，项目监理机构应按施工合同约定进行处理。

《工程临时/最终延期报审表》填写示例：

工程临时/最终延期报审表

工程名称：××工程　　　　　　　　　　　　　　　　　　　　　　编号：××

<table>
<tr><td>致：××××公司（建设单位）
××工程监理有限公司（项目监理机构）
根据施工合同××（条款），由于建设单位原因，我方申请工程临时/最终延期××（日历天），请予批准。

附件：1.工程延期依据及工期计算；
2.证明材料。

施工项目经理部（盖章）
项目经理（签字）：陆××
××××年××月××日</td></tr>
<tr><td>审核意见：
同意临时或最终延长工期××（日历天）。工程竣工日期从施工合同约定的××××年××月××日延迟到××××年××月××日。

项目监理机构（盖章）
总监理工程师（签字并加盖执业印章）：赵××
××××年××月××日</td></tr>
<tr><td>审批意见：
同意专业监理工程师意见。

建设单位（盖章）
建设单位代表（签字）：郑××
××××年××月××日</td></tr>
</table>

注：本表一式三份，项目监理机构、建设单位、施工单位各一份。

5.11 工程款支付

根据《建设工程监理规范》GB/T 50319—2013，项目监理机构应按下列程序进行工程计量和付款签证：

（1）专业监理工程师对施工单位提交的《工程款支付报审表》中的工程量和支付金额进行复核，确定实际完成的工程量，提出到期应支付给施工单位的金额，并提出相应的支持性材料；

（2）总监理工程师对专业监理工程师的审查意见进行审核，签认后报建设单位审批；

（3）总监理工程师根据建设单位的审批意见，向施工单位签发工程款支付证书。

5.11.1 基本要求

（1）《工程款支付报审表》用于工程预付款、工程进度款、工程变更价款和索赔款、竣工结算款的支付报审。

（2）项目监理机构应严格按照合同约定的期限和合同条款审查施工单位报送的《工程款支付报审表》及附件，工程款支付报审表需经项目经理签字并加盖施工项目经理部章。

（3）项目监理机构审查《工程款支付报审表》时，应重点审查各类支持性资料，如已完合格工程的工程量报表或工程量清单、工程竣工结算证明材料、涉及工程经济的补充合同条款、材料（设备）询价定价协议、合同约定的各类调价文件等。

（4）项目监理机构在审查工程进度款时，应依据施工合同约定或工程量清单对施工单位申报的工程量和支付金额进行复核，确定实际完成的合格工程量及应支付的进度款金额。

（5）项目监理机构审查竣工结算款时，应重点审查开工报告、支付保函、履约保函、工程变更、洽商、索赔费用批复等证明材料，并提出审查意见。

（6）专业监理工程师负责审查《工程款支付报审表》并签署审查意见。审查意见应明确施工单位应得款、本期应扣款和本期应付款，其依据与计算值的相应支持性材料应作为附件。

（7）总监理工程师应明确审核意见并签字，加盖执业印章和项目监理机构章。

（8）审核通过的《工程款支付报审表》应及时报建设单位审批并反馈到施工单位。

（9）《工程款支付报审表》应按《建设工程监理规范》GB/T 50319—2013表B.0.11的要求填写。

《工程款支付报审表》填写示例：

工程款支付报审表

工程名称：××工程　　　　　　　　　　　　　　　　　　　　　　　　编号：××

<table>
<tr><td>致：××工程监理有限公司（项目监理机构）
我方已完成 主体验收 工作，按合同约定，建设单位应在××××年××月××日前支付该项目工程款共（大写）××元整（小写：¥××），现将有关资料报上，请予以审核。

附件：1.已完成工程量报表；
2.工程竣工结算证明材料；
3.相应的支付性证明文件。

施工项目经理部（盖章）
项目经理（签字）：陆××
××××年××月××日</td></tr>
<tr><td>审查意见：
承包单位申报款为：××元整；
经审核承包单位应得款为：××元整；
本期应扣款为：××元整；
本期应付款为：××元整。
附件：相应支持性材料。
专业监理工程师（签字）：陈××
××××年××月××日</td></tr>
<tr><td>审核意见：
同意专业监理工程师意见。
项目监理机构（盖章）
总监理工程师（签字并加盖执业印章）：赵××
××××年××月××日</td></tr>
<tr><td>审批意见：
同意监理单位意见，同意拨付。

建设单位（盖章）
建设单位代表（签字）：郑××
××××年××月××日</td></tr>
</table>

注：本表一式三份，项目监理机构、建设单位、施工单位各一份；工程竣工结算申报书本表一式四份，项目监理机构、建设单位各一份、施工单位两份。

第六章

验收类资料

监理验收类资料是指对施工单位报验的对应工程项目实体的文件资料，进行检查、验收所形成的监理文件资料。一般包括施工控制测量成果、工程材料（构配件、设备）、隐蔽工程、检验批、分项工程、分部工程、单位工程竣工验收等各类验收资料。

6.1 施工控制测量成果

根据《建设工程监理规范》GB/T 50319—2013，专业监理工程师应检查、复核施工单位报送的施工控制测量成果及保护措施，并签署意见。专业监理工程师应对施工单位在施工过程中报送的施工测量放线成果进行查验。

施工控制测量成果及保护措施的检查、复核应包括下列内容：

（1）施工单位测量人员的资格证书及测量设备检定证书；

（2）施工平面控制网、高程控制网和临时水准点的测量成果及控制桩的保护措施。

6.1.1 基本要求

（1）项目监理机构应及时审查施工单位报送的经项目技术负责人签字并加盖施工项目经理部章的《施工控制测量成果报验表》及附件资料，重点检查施工控制测量依据资料是否完整、测量人员资格证书是否真实有效、测量设备检定证书是否有效等。

（2）项目监理机构应对施工单位在施工过程中报送的施工测量放线成果进行审查，包括施工平面及高程控制网成果表（包含平差计算表）及附图、工程定位测量记录、基槽平面及标高实测记录、楼层平面放线及标高实测记录、建筑物垂直度及标高测量记录、变形观测记录等。

（3）项目监理机构可采用抽测等方式复核施工控制测量成果。

（4）项目监理机构应查验施工平面控制网、高程控制网和临时水准点的测量成果及控制桩的保护措施。

（5）专业监理工程师应根据上述审查结果签署意见并签字，加盖项目监理机构章。审查结果不满足要求的，应明确要求施工单位进行整改或重新测量，经施工单位自查/自检满足要求后重新报验。

（6）经审查的《施工控制测量成果报验表》应及时反馈到施工单位，并报送建设单位。

（7）施工控制测量成果报验表应按《建设工程监理规范》GB/T 50319—2013表B.0.5的要求填写。

《施工控制测量成果报验表》填写示例：

施工控制测量成果报验表

工程名称：××工程　　　　　　　　　　　　　　　　　　　　编号：××

<table>
<tr><td>致：××工程监理有限公司（项目监理机构）
我方已完成 二层剪力墙 的施工控制测量，经自检合格，请予以验收。

附件：1.施工控制测量依据资料：规划红线、基准或基准点、引进水准点标高文件资料；平面布置图；
2.施工控制测量成果表：施工测量放线成果表；
3.测量人员的资格证书及测量设备检定证书。

施工项目经理部（盖章）
项目技术负责人（签字）：朱××
××××年××月××日</td></tr>
<tr><td>审查意见：
经查验（抽查检测），该工程控制网（线路复测）测址依据有效，测量数据记录准确，符合设计及规范要求，同意使用。

项目监理机构（盖章）
专业监理工程师（签字）：陈××
××××年××月××日</td></tr>
</table>

注：本表一式三份，项目监理机构、建设单位、施工单位各一份。

6.2 工程材料（构配件、设备）

根据《建设工程监理规范》GB/T 50319—2013，项目监理机构应审查施工单位报送的用于工程的材料（构配件、设备）的质量证明文件，并应按有关规定及建设工程监理合同约定，对用于工程的材料进行见证取样和平行检验。

项目监理机构对已进场经检验不合格的工程材料（构配件、设备），应要求施工单位限期将其撤出施工现场。

6.2.1 基本要求

（1）专业监理工程师应在核查施工单位自检结果的基础上，按照相关验收规范、设计文件及有关施工技术标准要求对进场的工程材料（构配件、设备）进行外观检查，并做好记录。

（2）专业监理工程师应审查进场用于工程的材料（构配件、设备）的质量证明文件的真实性、有效性和可追溯性。其种类和形式根据产品标准和产品特性确定，包括生产单位提供的合格证、安全性能标志（CCC）、质量证明书、性能检测报告等证明资料。其中，进口材料（构配件、设备）应有商检证明文件；新产品、新材料、新设备应有相应资质机构的鉴定文件等。质量证明文件若无原件，则应在复印件上加盖证明文件提供单位的公章。质量证明文件应说明用于工程的材料（构配件、设备）的质量符合工程建设标准。

当施工单位报送的材料（构配件、设备）的质量证明文件不能说明进场材料（构配件和设备）的质量合格时，应要求施工单位补充报送相关资料。

（3）项目监理机构应会同相关单位对进场设备进行开箱检查，检查设备出厂合格证、质量检验证明、有关图纸、技术说明书、配件清单及技术资料等是否齐全，并做好检查记录。

（4）由建设单位采购的设备，应由建设单位、施工单位和项目监理机构及其他有关单位共同进行开箱检查，检查情况及结果应形成记录，并由各方代表在开箱记录上签署意见。

（5）对于进口材料（构配件、设备），项目监理机构应要求施工单位报送进口商检证明文件和中文质量证明文件，并会同相关单位按合同约定进行联合检查，并做好检查记录。

（6）工程材料（构配件、设备）清单应载明工程材料（构配件、设备）名称、型号规格、进场数量、进场时间及使用部位。一次申报多类时应分别列明。

(7) 当施工单位报送的《工程材料（构配件、设备）报审表》及附件应齐全，包括质量证明文件，工程材料、构配件或设备清单，材料、构配件进场检验记录，设备开箱检验记录，性能复试复检合格报告等符合要求后，专业监理工程师应签署明确表示同意该批材料（构配件、设备）进场使用的审查意见。

(8) 专业监理工程师对已进场经检验不合格的工程材料（构配件、设备），应签发《监理通知单》要求施工单位限期将其撤出施工现场，并附材料（构配件、设备）质量检验结果不合格的检验报告。

(9)《工程材料（构配件、设备）报审表》应按《建设工程监理规范》GB/T 50319—2013表B.0.6的要求填写。

《工程材料（构配件、设备）报审表》填写示例：

工程材料（构配件、设备）报审表

工程名称：××工程　　　　　　　　　　　　　　　　　　　　　　　　编号：××

<table>
<tr><td>致：××工程监理有限公司（项目监理机构）
于××××年××月××日进场的拟用于工程基础部位的钢筋经我方检验合格，现将相关资料上报，请予以审查。

附件：1. 工程材料、构配件或设备清单：本次钢筋进场清单；
2. 质量证明书、钢筋见证取样复试报告；
3. 自检结果：外观、尺寸符合要求。

施工项目经理部（盖章）
项目经理（签字）：陆××
××××年××月××日</td></tr>
<tr><td>审查意见：
经抽检复查，以上材料各项技术指标符合设计及技术规范要求，同意进场。

项目监理机构（盖章）
专业监理工程师（签字）：陈××
××××年××月××日</td></tr>
</table>

注：本表一式两份，项目监理机构、施工单位各一份。

6.3 隐蔽工程

隐蔽工程是指建筑物、构筑物在施工期间将建筑材料或构配件埋于物体之中后被覆盖外表看不见的实物。如房屋基础、钢筋、水电构配件、设备基础等分部分项工程。

根据《建设工程监理规范》GB/T 50319—2013，项目监理机构应对施工单位报验的隐蔽工程、检验批、分项工程和分部工程进行验收，对验收合格的应给予签认；对验收不合格的应拒绝签认，同时应要求施工单位在指定的时间内整改并重新报验。

对已同意覆盖的工程隐蔽部位质量有疑问的，或发现施工单位私自覆盖工程隐蔽部位的，项目监理机构应要求施工单位对该隐蔽部位进行钻孔探测、剥离或使用其他方法进行重新检验。

6.3.1 基本要求

（1）项目监理机构应要求施工单位对隐蔽工程进行自检合格后，填写《__________工程报审、报验表》及相关验收资料报项目监理机构申请验收。隐蔽工程报验应附隐蔽工程质量检验资料及原始记录。分包工程的报验资料应由施工单位验收合格后向项目监理机构报验。

（2）隐蔽工程验收内容和要求应符合有关专业规范的验收要求。

（3）专业监理工程师对施工单位所报资料进行审查，并组织相关人员进行现场验收，签署验收文件。隐蔽验收合格后，可允许下道工序施工。对验收不合格的，应拒绝签认，要求施工单位限期整改并重新报验。

（4）验收意见应说明对质量资料的审查情况、现场核验情况是否满足设计、规范要求，验收是否合格，是否同意隐蔽。验收意见应由负责验收的专业监理工程师签字并加盖项目监理机构章。

（5）若验收不合格，除签署不合格意见外，应签发《监理通知单》要求施工单位整改或返工。

（6）签署验收意见的《______工程报审、报验表》应及时反馈到施工单位。

（7）隐蔽工程报审、报验表应按《建设工程监理规范》GB/T 50319—2013表B.0.7的要求填写。

《 ______ 工程报审、报验表》填写示例：

二层墙、柱、顶板工程报审、报验表

工程名称：××工程　　　　　　　　　　　　　　　　　　　　编号：××

<table>
<tr><td>致：××工程监理有限公司（项目监理机构）
我方已完成 二层墙、柱、顶板钢筋绑扎、模板支设 工作，经自检合格，现将有关资料上报，请予以审查或验收。

附件：1.模板安装工程检验批质量验收记录表；
2.钢筋安装工程检验批质量验收记录表；
3.施工试验室证明资料；
4.其他。

施工项目经理部（盖章）
项目经理或项目技术负责人（签字）：陆××
××××年××月××日</td></tr>
<tr><td>验收意见：
经验收，报验部位符合设计要求及规范规定，验收合格，同意进行下道工序施工。

项目监理机构（盖章）
专业监理工程师（签字）：陈××
××××年××月××日</td></tr>
</table>

注：本表一式两份，项目监理机构、施工单位各一份。

6.4 检验批、分项工程

分项工程是分部工程的细分，是构成分部工程的基本项目，又称工程子目或子目，它是通过较为简单的施工过程就可以生产出来并可用适当计量单位进行计算的建筑工程或安装工程。检验批是指按相同的生产条件或按规定的方式汇总起来供抽样检验用的，由一定数量样本组成的检验体。

根据《建设工程监理规范》GB/T 50319—2013，项目监理机构应对施工单位报验的隐蔽工程、检验批、分项工程和分部工程进行验收，对验收合格的应给予签认；对验收不合格的应拒绝签认，同时应要求施工单位在指定的时间内整改并重新报验。

对已同意覆盖的工程隐蔽部位质量有疑问的，或发现施工单位私自覆盖工程隐蔽部位的，项目监理机构应要求施工单位对该隐蔽部位进行钻孔探测、剥离或使用其他方法进行重新检验。

6.4.1 基本要求

（1）项目监理机构应要求施工单位在自检合格后，填写《______工程报审报验表》，附相关验收资料，报送项目监理机构申请验收。

（2）建筑工程检验批、分项工程质量验收内容和要求应符合《建筑工程施工质量验收统一标准》GB 50300—2013相关专业验收规范、施工规范和设计文件的规定。质量验收记录应符合有关标准及专业验收规范的要求。

检验批划分及主控项目和一般项目的确定应符合《建筑工程施工质量验收统一标准》GB 50300—2013和相关专业验收规范的要求，并应在施工组织设计或施工方案中明确。

分项工程应按照《建筑工程施工质量验收统一标准》GB 50300—2013中“建筑工程质量验收的划分”及附录B进行划分。

（3）对于市政道路、市政桥梁、给水排水管道等工程应按照《城镇道路工程施工与质量验收规范》CJJ 1—2008、《城市桥梁工程施工与质量验收规范》CJJ 2—2008、《给水排水管道工程施工及验收规范》GB 50268—2008等规范进行检验批、分项工程报审、报验。

（4）专业监理工程师应在施工单位自检合格的基础上组织检验批、分项工程的验收，签署验收文件，验收合格的予以签认，验收不合格的应拒绝签认，并要求施工单位限期整改后重新报审、报验。

（5）验收意见包括监理现场检验抽检情况、验收结论等，由负责验收的专业监理工程师签字并加盖项目监理机构章。

（6）签署验收意见的《______工程报审报验表》应及时反馈到施工单位。

（7）《______工程报审报验表》应按《建设工程监理规范》GB/T 50319—2013表B.0.7的要求填写。

《______工程报审、报验表》填写示例：

二层墙、柱钢筋工程报审、报验表

工程名称：××工程　　　　编号：××

致：××工程监理有限公司（项目监理机构）

我方已完成二层墙、柱钢筋绑扎工作，经自检合格，现将有关资料上报，请予以审查或验收。

附件：1.钢筋安装工程检验批质量验收记录表；

2.分项工程质量检验资料；

3.施工试验室证明资料；

4.其他。

施工项目经理部（盖章）

项目经理或项目技术负责人（签字）：陆××

××××年××月××日

验收意见：

经验收，报验部位符合设计要求及规范规定，验收合格，同意进行下道工序施工。

项目监理机构（盖章）

专业监理工程师（签字）：陈××

××××年××月××日

注：本表一式两份，项目监理机构、施工单位各一份。

6.5 分部工程

分部工程指不能独立发挥能力或效益，又不具备独立施工条件，但具有结算工程价款条件的工程。

根据《建设工程监理规范》GB/T 50319—2013，项目监理机构应对施工单位报验的隐蔽工程、检验批、分项工程和分部工程进行验收，对验收合格的应给予签认；对验收不合格的应拒绝签认，同时应要求施工单位在指定的时间内整改并重新报验。

6.5.1 基本要求

（1）项目监理机构应按照《建筑工程施工质量验收统一标准》GB 50300—2013“建筑工程质量验收的划分”及附录B的要求，核对分部工程的划分及所含验收范围、内容。

（2）项目监理机构应要求施工单位在自检合格的基础上填写《______分部工程报验表》，并附相关分部工程质量资料，报送项目监理机构申请验收。

（3）分部工程质量资料包括分部工程的质量验收记录，质量控制资料核查记录，有关安全、节能、环境保护和主要使用功能的抽样检验结果的资料，观感质量检查记录等。

分部工程质量验收记录应采用《建筑工程施工质量验收统一标准》GB 50300—2013附录G的格式。

（4）总监理工程师应根据相关专业验收规范要求在施工合同约定的时限内组织分部工程质量验收。在分部工程正式验收前，项目监理机构可根据需要对工程质量出具书面评估报告。

（5）专业监理工程师负责检查本专业工程实体量、质量控制资料、安全和功能检验结果，并签署验收意见。专业监理工程师的验收意见应为对各项验收内容的客观评价，不作是否同意验收的结论。总监理工程师的验收意见应明确表示是否同意验收。

（6）建筑工程的分部工程质量验收内容和程序要求应符合《建筑工程施工质量验收统一标准》GB 50300—2013相关专业验收规范和设计文件规定。

（7）市政道路、市政桥梁、给水排水管道等工程应按照《城镇道路工程施工与质量验收规范》CJJ 1—2008、《城市桥梁工程施工与质量验收规范》CJJ 2—2008、《给水排水管道工程施工及验收规范》GB 50268—2008等规范进行分部工程报验。

(8)验收合格的《____分部工程报验表》应及时反馈施工单位并报建设单位。

(9)分部工程报验表应按《建设工程监理规范》GB/T 50319—2013表B.0.8的要求填写。

《______分部工程报验表》填写示例：

主体分部工程报验表

工程名称：××工程　　　　　　　　　　　　　　　　　　　　　　　编号：××

<table>
<tr><td>
致：××工程监理有限公司（项目监理机构）
我方已完成主体（分部工程），经自检合格，现将有关资料上报，请予以验收。

附件：1.分部工程质量控制资料；
2.主体结构分部（子分部）工程质量验收记录；
3.单位（子单位）工程质量控制资料核查记录（主体结构分部）；
4.单位（子单位）工程安全和功能检验资料核查及主要功能抽查记录（主体结构分部）；
5.单位（子单位）工程观感质量检查记录（主体结构分部）；
6.主体混凝土结构子分部工程结构实体混凝土强度验收记录；
7.主体结构分部工程质量验收证明文件。

施工项目经理部（盖章）
项目技术负责人（签字）：朱××
××××年××月××日
</td></tr>
<tr><td>
验收意见：
经审查，该分部工程已完成，资料齐全，符合设计及规范要求。

专业监理工程师（签字）：陈××
××××年××月××日
</td></tr>
<tr><td>
验收意见：
同意专业监理工程师意见。

项目监理机构（盖章）
总监理工程师（签字）：赵××
××××年××月××日
</td></tr>
</table>

注：本表一式三份，项目监理机构、建设单位、施工单位各一份。

6.6 单位工程竣工验收

单位工程是指具备独立施工条件并能形成独立使用功能的建筑物或构筑物，在施工前可由建设、监理、施工单位商议确定，并据此收集整理施工技术资料和进行验收。

根据《建设工程监理规范》GB/T 50319—2013，项目监理机构应审查施工单位提交的《单位工程竣工验收报审表》及竣工资料，组织工程竣工预验收。存在问题的，应要求施工单位及时整改；合格的，总监理工程师应签认单位工程竣工验收报审表。

工程竣工预验收合格后，项目监理机构应编写工程质量评估报告，并应经总监理工程师和工程监理单位技术负责人审核签字后报建设单位。

项目监理机构应参加由建设单位组织的竣工验收，对验收中提出的整改问题，应督促施工单位及时整改。工程质量符合要求的，总监理工程师应在工程竣工验收报告中签署意见。

6.6.1 基本要求

（1）项目监理机构收到施工单位自检合格报送的《单位工程竣工验收报审表》及竣工资料后，应在施工合同约定的期限内完成资料审查和工程竣工预验收，并签署预验收意见。

（2）项目监理机构应审查单位工程质量验收资料。质量验收资料包括单位工程质量控制资料，有关安全、节能、环境保护和使用功能的检测资料，主要使用功能项目的抽查结果等。对需要进行功能试验的工程（包括单机试车、无负荷试车和联动调试）应包括试验报告。

（3）总监理工程师应组织各专业监理工程师对单位工程质量进行竣工预验收。预验收基本内容应包括分部工程验收情况，工程实体质量实测实量情况，试验检测报告统计分析，观感评定。

（4）工程竣工预验收合格的，总监理工程师应在施工合同约定的期限内在《单位工程竣工验收报审表》中签署“经预验收，该工程合格，可以组织正式验收”的预验收意见。

（5）工程竣工预验收不合格的，总监理工程师应在施工合同约定的期限内在《单位工程竣工验收报审表》中签署“经预验收，该工程不合格，不可以组织正式验收”的预验收意见。

（6）预验收意见由总监理工程师签字并加盖执业印章和项目监理机构章，报建设单位并反馈到施工单位。

（7）若预验收不合格，项目监理机构应签发《监理通知单》要求施工单位限期整改预验收中发现的施工质量问题，整改结果复查合格后，施工单位须重新提交《单位工程竣工验收报审表》。

（8）单位工程竣工预验收合格后，项目监理机构应编写《单位工程质量评估报告》提交建设单位。

（9）市政道路、市政桥梁、给水排水管道等工程应按照《城镇道路工程施工与质量验收规范》CJJ 1—2008、《城市桥梁工程施工与质量验收规范》CJJ 2—2008、《给水排水管道工程施工及验收规范》GB 50268—2008等规范进行单位工程竣工验收。

（10）《单位工程竣工验收报审表》应按《建设工程监理规范》GB/T 50319—2013表B.0.10的要求填写。

《单位工程竣工验收报审表》填写示例：

单位工程竣工验收报审表

工程名称：××工程

编号：××

<table>
<tr><td>致：××工程监理有限公司（项目监理机构）
我方已按施工合同要求完成××单位工程施工，经自检合格，现将有关资料上报，请予以预验收。

附件：1.工程质量验收报告；
2.工程功能检验资料。

施工单位（盖章）
项目经理（签字）：陆××
××××年××月××日</td></tr>
<tr><td>预验收意见：
经预验收，该工程不合格，不可以组织正式验收。

项目监理机构（盖章）
总监理工程师（签字并加盖执业印章）：赵××
××××年××月××日</td></tr>
</table>

注：本表一式三份，项目监理机构、建设单位、施工单位各一份。

第七章 记录类资料

监理记录类资料是指项目监理机构记录监理履职行为和重要事件所形成的监理文件资料。一般包括设计交底、图纸会审记录、监理日志、材料见证取样记录、实体检验见证记录、旁站记录、平行检验记录、技术核定单、监理会议纪要、巡视检查记录、混凝土交货验收记录、监理备忘录等文件资料。

7.1 设计交底

设计交底即由建设单位组织施工总承包单位、监理单位参加，由勘察、设计单位对施工图纸内容进行交底的一项技术活动，或由施工总承包单位组织分包单位、劳务班组，由总承包单位对施工图纸施工内容进行交底的一项技术活动。项目监理设计交底记录类资料主要指前者。

依据《建设工程监理规范》GB/T 50319—2013第5.1.2条规定，项目监理人员应熟悉工程设计文件，并应参加由建设单位主持的图纸会审和设计交底会议，会议纪要应由总监理工程师签认。

7.1.1 设计交底的目的

设计交底是指在施工图完成并经审查合格后，设计单位在设计文件交付施工时，按法律法规规定的义务就施工图设计文件向施工单位和监理单位作出详细的说明。其目的是对施工单位和监理单位正确贯彻设计意图，使其对主要建筑材料、构配件和设备的要求、所采用的新技术、新工艺、新材料、新设备的要求以及施工中应特别注意的事项重点把控，使其加深对设计文件重点、特点、难点、疑点的理解，掌握工程关键部位的技术、质量要求，同时也为了减少图纸中的差错、遗漏、矛盾，将图纸中的质量隐患与问题消灭在施工之前，使设计施工图纸更符合施工现场的具体要求，避免返工浪费，确保工程质量。

7.1.2 设计交底的主要内容

（1）建筑物的功能与特点、设计意图与施工过程控制要求等。

（2）施工现场的自然条件、工程地质及水文地质条件等。

（3）设计主导思想、建设要求与构思、使用的规范、标准。

（4）设计抗震设防烈度的确定。

（5）地基基础设计、主体结构设计、装修设计、设备设计（设备选型）等。

（6）对地基基础、主体结构及装饰装修施工的要求。

（7）对建材的要求，对使用新材料、新技术、新工艺的要求。

（8）对重要部位、关键环节以及涉及危险性较大分部分项工程在施工中应特别注意的事项等。

（9）设计单位对监理单位和承包单位提出的施工图纸中的问题的答复。

《设计技术交底记录》填写示例：

设计技术交底记录

工程名称：××工程
交底地点：项目会议室
交底内容： **建筑专业** 1.按图施工，如遇具体尺寸问题需与设计单位联系。 2.施工中所有修改应由建设单位会同设计单位确定。 3.所有材料之品牌及规格、技术参数应由建设单位会同设计单位确定。 **结构专业** 一、总则 1.熟悉图纸，如发现问题请及时书面通知设计单位。 2.主要材料来源要有保证；钢筋需要替换，需事先征得我院的同意方可实施。 3.结合建筑及其他各专业图纸一起施工，预留、预埋应在结构施工时进行，不得后凿。 二、模板 1.模板及其支架应具有足够的承载能力、刚度和稳定性。模板按墙进行编号，并涂刷好水性隔离剂，分规格堆放。 2.高大模板应有计算书，且穿墙对拉螺栓的设置应满足强度、刚度要求。 3.所有模板安装调校完毕后，办理模板工程预检验收，合格后方可浇筑混凝土。 4.模板拆除，墙体混凝土强度必须达到1.2MPa，大跨度和悬挑构件强度满足100%、一般构件强度满足75%时方可。 5.注意门窗洞口混凝土变形。防治方法：门窗洞口模板的组装，必须与大模板固定牢固。 6.浇筑混凝土时，插入式振捣棒不能直接碰撞模板，同时要控制好振捣时间。 三、钢筋 1.根据设计图纸要求的规格尺寸，选择适当的定尺长度，以免浪费，并把钢筋加工成型或点焊网片。 2.钢筋表面的铁锈在绑扎前清除干净；网片几何尺寸、规格及焊接质量检验合格后方可使用。 3.竖向钢筋直径较小，需采取有效措施使其竖直，以保证钢筋骨架施工质量。 4.模板合模以后，对伸出的墙体钢筋进行适当固定，以保证浇筑混凝土时钢筋的准确位置。浇筑混凝土时指定专人看管钢筋、模板。 5.预埋件要绑扎牢固，浇筑混凝土时不得振捣预埋件。 6.节点部位需特别注意，锚固长度和加强筋应符合设计及规范要求。 四、混凝土浇筑 1.浇筑前检查模板拼接处是否严密，各种连接件及支撑是否牢固。 2.墙体钢筋应有可靠的定位与满足混凝土保护层厚度的措施。

3.应保护好预留洞、预埋件及预埋套管等。

4.防止墙体烂根：在浇筑混凝土前，先均匀浇筑10cm水泥砂浆，混凝土坍落度要严格控制，防止混凝土离析，下部振捣应认真操作。

5.墙面气泡过多问题：振捣时应全部排出气泡，注意“快插慢拔”，至表面不冒气泡为止，模板表面要洁净。

给水排水专业

1.施工前应认真阅读本专业施工图纸及相关的大样、图集，并认真准备会审意见书。

2.必须按图施工，如有修改或设备、材料的更改需经业主及设计院的确认。

3.卫生洁具给水及排水五金配件应采用节水型产品。

4.管道穿钢筋混凝土墙和楼板、梁时，应根据图中所注管道标高、位置配合土建工种预留孔洞或预埋套管。

5.给水排水管道试压及管道冲洗应按《建筑给水排水及采暖工程施工质量验收规范》GB 50242—2002规定执行。

6.施工中应与土建专业和其他专业密切合作，合理安排施工进度，及时预留孔洞及预埋套管，以防碰撞和返工。

电气专业

1.所选配电箱、灯具、开关、插座、电缆等的规格、型号、外观质量必须符合国家标准和设计要求，并有产品合格证。

2.电缆敷设、配电箱安装、接地等，土建专业应配合预留孔洞或预埋件。预留孔洞、预埋件应符合设计要求。

3.由于室外强弱电埋地的管线较多，施工时要与给水排水专业密切配合，以防与给水排水专业的管线发生交叉，造成不必要的返工。

4.防雷与接地装置的安装在施工过程中应与土建、结构专业密切配合，并测量好接地电阻。

5.接地应做好总等电位箱的设置。

6.施工中所有修改需由建设单位会同设计单位确定。

施工单位（公章）	监理单位（公章）	设计单位（公章）	建设单位（公章）
××××年××月××日	××××年××月××日	××××年××月××日	××××年××月××日

注：本表一式四份，由参会单位会签，有关单位各保存一份。

7.2 图纸会审记录

图纸会审是工程各参建单位（建设单位、监理单位、施工单位等相关单位）在收到施工图审查机构审查合格的施工图设计文件后，在设计交底前进行全面细致的熟悉和审查施工图纸的活动。

7.2.1 基本规定

（1）监理人员应熟悉工程设计文件，并应参加建设单位主持的图纸会审和设计交底会议，会议纪要应由总监理工程师签认。

（2）总监理工程师组织监理人员熟悉工程设计文件是项目监理机构实施事前控制的一项重要工作，其目的是通过熟悉工程设计文件，了解工程设计特点、工程关键部位的质量要求，便于项目监理机构按工程设计文件的要求实施监理。有关监理人员应参加图纸会审和设计交底会议并熟悉如下内容：

①设计主导思想、设计构思、采用的设计规范、各专业设计说明等；

②工程设计文件对主要工程材料、构配件和设备的要求，对所采用的新材料、新工艺、新技术、新设备的要求，对施工技术的要求以及涉及工程质量、施工安全应特别注意的事项等；

③设计单位对建设单位、施工单位和工程监理单位提出的意见和建议的答复。

（3）项目监理机构如发现工程设计文件中存在不符合建设工程质量强制性标准或施工合同约定的质量要求时，应通过建设单位向设计单位提出书面意见或建议。

（4）图纸会审和设计交底会议纪要应由建设单位、设计单位、施工单位和监理单位各方代表共同签认。

《图纸会审记录》填写示例：

图纸会审记录

<table>
<tr><td colspan="3">工程名称</td><td colspan="3">××工程</td></tr>
<tr><td colspan="3">建设单位</td><td colspan="3">××××公司（建设单位）</td></tr>
<tr><td colspan="3">监理单位</td><td colspan="3">××工程监理有限公司</td></tr>
<tr><td colspan="3">勘察单位</td><td colspan="3">××设计研究院</td></tr>
<tr><td colspan="3">设计单位</td><td colspan="3">××设计研究院</td></tr>
<tr><td colspan="3">施工（分包）单位</td><td colspan="3">××建筑有限公司</td></tr>
<tr><td colspan="3">会审地点</td><td colspan="3">××工程项目经理部会议室</td></tr>
<tr><td colspan="3">会审时间</td><td colspan="3">××××年××月××日</td></tr>
<tr><td colspan="6">会审内容共计××页××项条款（其中：建筑××条，结构××条，安装××条）</td></tr>
<tr><td rowspan="2">参加单位及参加人员</td><td colspan="2">建设单位（章）
参加人签字：</td><td colspan="2">勘察单位（章）
参加人签字：</td><td>设计单位（章）
参加人签字：</td></tr>
<tr><td colspan="3">监理单位（章）
参加人签字：</td><td colspan="2">施工（分包）单位（章）
参加人签字：</td></tr>
<tr><td colspan="6">图纸会审记录内容（可附页）</td></tr>
</table>

7.3 监理日志

监理日志是指项目监理机构每日对建设工程监理工作及施工进展情况所做的记录。

7.3.1 基本要求

（1）项目监理机构自进入施工现场就应记录监理日志，至工程竣工验收合格后可停止记录。

（2）监理日志可由总监理工程师根据工程实际情况指定专人负责记录，内容应保持连续和完整。

（3）监理日志应反映工程监理活动的具体内容，详细描述工程监理活动的具体情况，体现时间、地点、相关人员及事情的起因、经过和结果。

（4）监理日志的内容应真实、准确、及时、完整、可追溯，用语规范，内容严谨，记事条理清楚。

（5）监理日志一般以工程项目为单位编写，当监理项目比较复杂或项目规模比较大时，也可按单位工程进行编写。

（6）总监理工程师应定期审阅监理日志，全面了解监理工作情况，审阅后应予以签认。

7.3.2 监理日志记录要点

监理日志应主要包括下列内容：

（1）天气和施工环境情况；

（2）当日施工进展情况；

（3）当日监理工作情况，包括审核审批、旁站、巡视、见证取样、平行检验、工程验收、质量安全检查等情况；

（4）当日存在的问题及处理情况；

（5）其他有关事项。

7.3.3 监理日志填写要求

（1）天气情况：包括最高/最低气温、气象、风力等。

（2）天气和施工环境影响情况：应记录大风、雨、雪天气及政治、经济、交通、自然环境等对施工进度、质量及安全造成的影响。

（3）当日施工情况：施工管理人员到岗情况、分包单位进场情况；主要材料、设备进场及使用情况、按单位工程分楼层、施工段描述主要分项工程的施工情况。

（4）监理工作情况：主要记录如下方面的监理工作情况：

①审核审批：包括对施工组织设计、施工方案、专项施工方案、施工进度计划、分包单位资质、工程开工报审、工程复工报审、监理通知回复、工作联系单、工程变更费用报审、费用索赔报审、工程延期报审、工程款支付报审等的监理审核审批内容；

②旁站：应记录旁站部位、旁站项目施工现场情况及对应的旁站记录编号；

③巡视：应重点记录所巡视部位的施工单位是否执行了工程建设标准，特别是强制性条文；是否按设计图纸要求施工；是否执行了施工方案；工程中所使用的原材料是否符合设计图纸要求；是否经过监理人员验收合格；在施部位的上道工序是否经过监理人员验收合格等的情况；

④见证取样：应记录见证取样情况及见证记录编号；

⑤平行检验：应记录平行检验项目、部位及所形成的平行检验记录单编号；

⑥材料、构配件进场报验：应记录所报验的材料、构配件的名称、规格型号、进场数量及对应的报验单编号；

⑦工程验收：应记录分项、检验批、隐蔽工程所验收的部位、图号、检验批名称、验收记录编号；

⑧质量安全检查：应记录重要的联合检查或专项检查情况及整改复查情况。

（5）会议及收发文情况。

①会议情况：应记录会议名称、会议时间、地点及主持单位、参加单位及人员、会议主要内容，如形成会议纪要并应记录纪要编号；

②记录当日收发文情况。

（6）问题及处理情况：应详细描述所发生问题的基本情况，包括问题发生的部位、类型、性质、程度及所采取的措施，如发出《监理通知单》《工程暂停令》《工作联系单》等应记录文件编号。

（7）其他事项。

①主要人员变动情况：应记录建设单位、监理单位、施工单位的项目主要负责人，以及施工单位技术、安全、质量负责人变动前后人员姓名；

②重要活动。应记录分部工程及以上的质量验收或监理单位参加的两个以上单位的质量安全检查活动，如形成书面记录，应记录结论及文件编号。

7.3.4 监理日志管理要求

（1）填写基本要求：

①监理日志内容应真实、准确、及时、可追溯；

②监理人员应对当日监理活动发现的重大问题进行跟踪处理，将整改结果记录在当日监理日志的跟踪栏内；

③监理日志内容应填写清楚，条理清晰，字迹工整。

（2）监理日志一般以项目监理机构为单位进行记录，当项目规模比较大或技术比较复杂时，也可以按监理专业组或监理标段为单位进行记录。

（3）监理日志的审核要求：监理日志应由总监理工程师指定专人负责逐日记录，内容应保持连续和完整，若记录人外出或休息，经总监理工程师同意可暂时委托其他监理人员代为记录。总监理工程师应每周对监理日志逐日签阅。

《监理日志》填写示例（正常施工情况）：

监理日志

××××年××月××日　　星期×　　气温最 高21℃ 低14℃　　气候 上午（晴、阴、雨、雪） 下午（晴、阴、雨、雪） 晚上（晴、阴、雨、雪）

工程名称：××工程

分部分项工程名称	当前形象进度	施工情况简述	
1号楼主体工程	二层钢筋绑扎、模板支设	钢筋工××人、木工××人	
机械、设备、材料进场及见证取样情况	进场钢筋××吨，其中直径××钢筋××吨，直径××钢筋××吨并对进场钢筋见证取样送检。		
监理工作情况： 1.当日监理工作综述； 2.发现的质量问题及处理情况； 3.安全文明施工情况。	1.对现场施工安全及施工质量进行检查，发现11号楼有1名木工未佩戴安全帽，立即要求佩戴，并进行说服教育。已下发《监理通知单》(编号××）要求施工单位加强管理及安全教育工作； 2.对二层钢筋绑扎情况进行检查时发现2～5/B～C轴板筋间距不符合设计要求，已通知施工单位进行整改； 3.对进场钢筋质量证明文件、材料规格尺寸进行检查，符合要求； 4.对局部存在的裸土已要求覆盖防尘网。		
环保（扬尘）施工情况	施工道路洒水降尘，围墙喷淋开启降尘。		
工程大事记	质监站王××到现场检查、指导工作。		
其他	暂无。		
填表人	（专业监理工程师签字）	审核人	（总监理工程师签字）

《监理日志》填写示例（风雨天气）：

监理日志

××××年××月××日　　星期×　　气温最高22℃　低14℃　　气候　上午（晴、阴、雨、雪）　下午（晴、阴、雨、雪）　晚上（晴、阴、雨、雪）

工程名称：××工程

<table>
<tr><td>分部分项工程名称</td><td colspan="2">当前形象进度</td><td colspan="2">施工情况简述</td></tr>
<tr><td>________工程</td><td colspan="2">________情况</td><td colspan="2">因雨暂停施工</td></tr>
<tr><td>机械、设备、材料
进场及见证取样情况</td><td colspan="4"></td></tr>
<tr><td>监理工作情况：
1.当日监理工作综述；
2.发现的质量问题及处理情况；
3.安全文明施工情况。</td><td colspan="4">1.今天因降雨较大施工暂停；
2.暂停施工期间要求施工单位及时关闭电源，雨中及雨后对施工现场进行安全巡查，发现个别配电箱门未关闭，局部存在积水，已要求施工单位加大巡查，尽快将已发现的问题整改到位。</td></tr>
<tr><td>环保（扬尘）施工情况</td><td colspan="4">降雨期间施工暂停，无扬尘。</td></tr>
<tr><td>工程大事记</td><td colspan="4">暂无。</td></tr>
<tr><td>其他</td><td colspan="4">因雨势较大，施工暂停。</td></tr>
<tr><td>填表人</td><td>（专业监理工程师签字）</td><td colspan="2">审核人</td><td>（总监理工程师签字）</td></tr>
</table>

《监理日志》填写示例（节假日期间）：

监理日志

××××年××月××日　星期×　气温最高8℃ 低-1℃　气候 上午（晴、阴、雨、雪） 下午（晴、阴、雨、雪） 晚上（晴、阴、雨、雪）

工程名称：××工程

分部分项工程名称	当前形象进度	施工情况简述
________工程	________情况	因假期放假未施工
机械、设备、材料进场及见证取样情况		
监理工作情况： 1.当日监理工作综述； 2.发现的质量问题及处理情况； 3.安全文明施工情况。	1.对施工单位节假日期间的值班情况进行核查，未发现私自脱岗现象。 2.与现场专职安全员进行安全巡查，检查临时用电、各种施工机具以及各临边防护。对不符合要求的，已当场要求落实整改。	
环保（扬尘）施工情况	裸土全覆盖。	
工程大事记	公司安全部赵××到现场检查节假日现场安全管理工作。	
其他	暂无。	
填表人	（专业监理工程师签字）	审核人 （总监理工程师签字）

7.4 见证取样记录

见证取样记录是指在项目建设单位或监理机构授权委托的见证人员的见证下，由施工单位的取样员按照国家有关技术标准、规范的规定，在施工现场对涉及工程结构安全、节能环保和主要使用功能的材料、设备构配件、试件进行随机取样、封样、送检等监督活动过程中形成的书面归档资料。

7.4.1 基本要求

（1）项目监理机构应依据有关规定及工程建设相关标准的要求，对涉及结构安全的材料设备构配件、试件的质量检查应实行见证取样制度。

（2）见证检测项目及抽样检验方法应按国家有关法律法规、标准规范及施工合同约定执行。

（3）项目监理机构应根据工程特点配备满足工程需要的见证人员负责见证取样和送检工作。见证人员发生变化时，应在见证取样和送检前书面通知施工单位、检测单位和负责该项工程的质量监督机构。

（4）见证取样记录应由见证人员和施工单位取样人员共同签字。见证人员和取样人员应对试件的代表性和真实性负责。

（5）在施工过程中，见证、取样人员应按照见证计划，对施工现场的取样和送检活动进行见证，监督施工单位取样人员在试件或其包装上作出标识、封志，并做好见证取样和送检记录台账。

（6）见证人员应核查见证取样的项目、数量和比例是否满足有关规定和相关标准的要求，并存留相关影像资料，应确保见证取样和送检过程的真实性。

（7）见证人员应核查试件或其包装上的标识、封志信息是否齐全、编号是否唯一等，并应在标识和封志上签字。

（8）见证人员应及时核查检测试验报告内容。当检测试验报告合格时，应签认进场材料相关资料。

（9）对检测试验报告不合格的材料，见证人员应要求施工单位进行处理或限期退场，对处理情况进行监督并做好台账。

（10）项目监理机构应根据资料管理的有关规定及时将见证取样记录归档保存。

7.4.2 见证取样和送检的数量和范围

1.见证取样和送检的数量

根据《房屋建筑工程和市政基础设施工程实行见证取样和送检的规定》(建建〔2000〕211号)第五条规定并参考相关见证取样和送检相关工作要求，对见证取样和送检的数量要求如下：

(1)涉及工程结构安全、节能环保和主要使用功能的试块、试件及材料，实施见证取样和送检的比例不得低于有关技术标准和规范中规定应取样数量的30%；

(2)保障性住宅工程应当按照100%的比例进行见证取样和送检。

2.见证取样和送检的范围

根据《房屋建筑工程和市政基础设施工程实行见证取样和送检的规定》(建建〔2000〕211号)第六条规定并参考相关见证取样和送检相关工作要求，下列试块、试件和材料必须实施见证取样和送检：

(1)用于承重结构的混凝土试块；

(2)用于承重墙体的砌筑砂浆试块；

(3)用于承重结构的钢筋及连接接头试件；

(4)用于承重墙的砖和混凝土小型砌块；

(5)用于拌制混凝土和砌筑砂浆的水泥、砂和石子；

(6)用于承重结构的混凝土中使用的掺加剂、掺合料；

(7)地下、屋面、厕浴间(有防水要求的阳台)以及防渗接头等防水材料；

(8)预应力钢绞线、锚夹具；

(9)沥青、沥青混合料；

(10)道路工程用无机结合料稳定材料；

(11)建筑外窗、建筑幕墙构件和材料等；

(12)建筑节能工程用保温隔热材料、复合保温板、保温砌块、反射隔热材料、粘结材料、抹面材料、增强网和锚钉等；

(13)钢结构工程用钢材、焊接材料、高强度螺栓、摩擦面抗滑移系数试件、网架节点承载力试件、防腐防火材料等；

(14)装配式混凝土结构使用的连接套筒、灌浆料、座浆料、外墙密封材料等；

(15)供暖节能工程使用的散热器和保温材料、通风与空调节能工程使用的风机盘管机组和绝热材料、空调与供暖系统冷热源及管网节能工程的预制绝热管道和绝热材料、配电与照明节能工程使用的照明光源和照明灯具及其附属装置等进场材料、低压配电系统使用的电线与电缆、太阳能光热系统节能工程采用的集热设备和保温材料等；

（16）集中建设小区使用的电线电缆、开关插座、断路器和配电板（箱）；

（17）国家及地方标准、规范规定的其他见证检验项目。

7.4.3 见证取样和送检程序

（1）建设单位应向工程质监站和有见证资格的检测机构递交见证单位和见证人员授权书或有效的证明材料。授权书或证明材料应写明本工程现场委托的见证单位和见证人员姓名，以便质监机构和检测机构检查核对。

（2）施工企业取样人员在现场进行原材料取样和试件制作时，建设单位或监理单位有关人员（见证人员）必须在旁见证。

（3）见证人员应对试件进行监护，并和施工企业取样人员一起将试件送至检测机构或采取有效的封样措施送样。

（4）检测机构在接受委托检验任务时，根据书面委托检测合同，由送检单位填写委托单，见证人员应在检验委托单上签字。

（5）检测机构应在检测报告单备注栏中注明见证单位和见证人员姓名，如发生试件不合格情况，首先要通知工程质监站和见证单位。

7.4.4 见证取样和送检工作要求

（1）项目监理机构应在第一次见证取样工作开始前完成对施工单位编制的见证取样计划的审批工作。

（2）取样时，见证人员必须在现场进行见证。样品标识和封志应标明工程名称、取样部位、取样日期、样品名称和样品数量，并由见证人员和取样人员签字。

（3）工地应用专用送样工具，见证人员必须亲自封样。

（4）监理机构应制作见证取样台账，并将见证取样记录资料归档管理。

（5）见证人员必须在见证检验（或委托）单上签字，见证人员对试件的代表性和真实性负有法定责任。

（6）见证人员必须和施工单位的试验人员一起将试件送至检测单位（该检测单位应具有政府主管部门批准认证的检测资格且经项目监理机构审核合格）。

（7）见证人员的告知、变更应符合下列要求：

①项目监理机构应根据工程特点配备满足工程需要的见证人员，负责见证取样和送检的见证工作。见证人员应由具备建设工程施工试验知识的专业技术人

员担任；

②见证人员确定后，应在见证取样和送检前告知该工程的质量监督机构和承担相应见证试验的检测机构。在更换见证人员时，应在见证取样和送检前将更换后的见证人员信息告知检测机构和监督机构。

（8）标识、封志、记录、归档应符合下列要求：

①在施工过程中，见证人员应按照见证计划，对施工现场的见证取样和送检进行见证，监督施工单位试验人员在试件或其包装上作出标识、封志，并做好见证取样记录；

②项目监理机构应根据资料管理的有关规定及时将见证取样记录归档保存。

见证取样记录填写示例：

见证取样记录

<table>
<tr><td colspan="4">见证取样记录</td><td colspan="3">资料编号</td><td>20××915</td></tr>
<tr><td>工程名称</td><td colspan="7">××工程项目</td></tr>
<tr><td>试件名称</td><td colspan="3">钢筋</td><td colspan="3">生产厂家</td><td>××</td></tr>
<tr><td>试件品种</td><td colspan="3">钢筋</td><td colspan="3">材料出厂编号</td><td>××</td></tr>
<tr><td>试件规格型号</td><td colspan="3">直径14</td><td colspan="3">材料进场时间</td><td>××××年××月××日</td></tr>
<tr><td>材料进场数量</td><td colspan="3">60T</td><td colspan="3">代表数量</td><td>60T</td></tr>
<tr><td>试件编号</td><td colspan="3">DWCY14256</td><td colspan="3">取样组数</td><td>2组</td></tr>
<tr><td>抽样时间</td><td colspan="3">××××年××月××日</td><td colspan="3">取样地点</td><td>施工现场</td></tr>
<tr><td>使用部位
（取样部位）</td><td colspan="7">1号楼主体二层至四层</td></tr>
<tr><td>检测项目</td><td colspan="7">屈服强度、抗拉强度、伸长率和重量偏差检验</td></tr>
<tr><td rowspan="2">检测结果
判定依据</td><td colspan="2">产品标准</td><td colspan="5">××标准</td></tr>
<tr><td colspan="2">验收规范</td><td colspan="5">××验收规范</td></tr>
<tr><td rowspan="2">抽样人</td><td>签字</td><td colspan="3">张××</td><td rowspan="2">见证人</td><td>签字</td><td>凌××</td></tr>
<tr><td>日期</td><td colspan="3">××××年××月××日</td><td>日期</td><td>××××年××月××日</td></tr>
<tr><td>见证送检章</td><td colspan="7">（盖见证送检章）</td></tr>
<tr><td rowspan="2">送检情况</td><td colspan="2">检测单位</td><td colspan="5">××检测机构</td></tr>
<tr><td colspan="2">送检时间</td><td colspan="5">××××年××月××日××时××分</td></tr>
</table>

注：本表由监理单位填写，一式四份，监理单位、建设单位、施工单位、检测单位各一份。

7.5 实体检验见证记录

实体检验是指在监理人员或建设单位代表的见证下，对已经完成施工作业的分项或子分部工程，按照有关规定在工程实体上抽取试样，在现场进行检验；当现场不具备检验条件时，送至具有相应资质的检测机构进行检验的活动。

7.5.1 基本要求

（1）项目监理机构应根据工程特点配备见证人员，负责实体检验的见证工作。

（2）见证人员确定后和需更换时，应在实体检验见证前告知该工程的质量监督机构和承担相应见证试验的检测机构。

（3）见证人员对实体检验见证项目的代表性和真实性负责。

（4）项目监理机构应根据施工单位制定的检测试验计划编制监理见证计划，并应在相应项目实施见证取样前完成见证取样计划的编制。

（5）见证人员应按照见证计划对施工现场的实体检验进行见证，并做好实体检验见证记录。项目监理机构应根据资料管理的有关规定及时将《实体检验见证记录》归档保存。

（6）项目监理机构见证人员应在施工单位和检测机构实体检验的抽样记录及检验记录上签字、加盖见证章，保存副本备查。

7.5.2 相关规定

（1）国家标准《混凝土结构工程施工质量验收规范》GB 50204—2015第10.1.1条。对涉及混凝土结构安全的有代表性的部位应进行结构实体检验。结构实体检验应包括混凝土强度、钢筋保护层厚度、结构位置与尺寸偏差以及合同约定的项目，必要时可检验其他项目。

结构实体检验应由项目监理机构组织施工单位实施，并见证实施过程。施工单位应制定结构实体检验专项方案，并经总监理工程师审核批准后实施。除结构位置与尺寸偏差外的结构实体检验项目，应由具有相应资质的检测机构完成。

（2）国家标准《混凝土结构工程施工质量验收规范》GB 50204—2015条文说明第10.1.1条。在混凝土结构子分部工程验收前应进行结构实体检验。结构实体检验的范围仅限于涉及结构安全的重要部位，结构实体检验采用由各方参与的见证抽样形式，以保证检验结果的公正性。

对结构实体进行检验，并不是在子分部工程验收前的重新检验，而是在相应分项工程验收合格的基础上，对重要项目进行的验证性检验，其目的是为了强化混凝土结构的施工质量验收，真实地反映结构混凝土强度、受力钢筋位置、结构位置与尺寸等质量指标，确保结构安全。

（3）国家标准《建筑节能工程施工质量验收标准》GB 50411—2019。

17.1.1条　建筑围护结构节能工程施工完成后，应对围护结构的外墙节能构造和外窗气密性能进行现场实体检验。

17.1.2条　建筑外墙节能构造的现场实体检验应包括墙体保温材料的种类、保温层厚度和保温构造做法。检验方法宜按照本标准附录F检验，当条件具备时，也可直接进行外墙传热系数或热阻检验。当本标准附录F的检验方法不适用时，应进行外墙传热系数或热阻检验。

17.1.3条　建筑外窗气密性能现场实体检验的方法应符合国家现行有关标准的规定，下列建筑的外窗应进行气密性能实体检验：

（1）严寒、寒冷地区建筑；

（2）夏热冬冷地区高度大于或等于24m的建筑和有集中供暖或供冷的建筑；

（3）其他地区有集中供冷或供暖的建筑。

7.5.3 实体检验见证、取样管理要求

（1）项目监理机构应根据施工单位制定的检测试验计划编制见证计划，并应于第一次见证工作开始前完成：

①外墙节能构造的现场实体检验，可委托有资质的检测机构实施，也可由施工单位实施，应在监理人员的见证下实施；

②外窗气密性的现场实体检测应在监理人员见证下抽样，委托有资质的检测机构实施；

③结构实体检验由施工单位根据经监理单位审核批准的结构实体检验专项方案实施，除结构位置与尺寸偏差外的结构实体检验项目，应由具有相应资质的检测机构完成。

（2）见证人员的告知、变更应符合下列要求：

①项目监理机构应根据工程特点配备满足工程需要的见证人员，负责实体检验的见证工作。见证人员应由具备建设工程施工试验知识的专业技术人员担任；

②见证人员确定后，应在实体检验见证前告知该工程的质量监督机构和承担相应见证试验的检测机构。见证人员更换时，应在实体检验见证前将更换后的见证人员信息告知检测机构和监督机构；

③见证人员对实体检验见证项目的代表性和真实性负责。

（3）标识、封志、记录、归档应符合下列要求：

①在施工过程中，见证人员应按照见证计划，对施工现场的实体检验进行见证，并做好《实体检验见证记录》；

②项目监理机构应根据资料管理的有关规定及时将《实体检验见证记录》归档保存。

《实体检验见证记录》填写示例：

实体检验见证记录

<table>
<tr><td colspan="3">实体检验见证记录</td><td>资料编号</td><td colspan="2">（此编号从1按顺序编写，应连续不能缺号）</td></tr>
<tr><td>工程名称</td><td colspan="5">××工程项目</td></tr>
<tr><td>施工单位</td><td colspan="5">××建筑有限公司</td></tr>
<tr><td>检验单位</td><td colspan="5">××检测机构</td></tr>
<tr><td>实体检验项目</td><td colspan="2">外墙节能保温构造</td><td>依据标准</td><td colspan="2">《建筑节能工程施工质量验收标准》GB 50411—2019</td></tr>
<tr><td>实体检验方法</td><td colspan="5">采用钻芯取样方式，实测外墙保温层厚度。</td></tr>
<tr><td>检验部位</td><td colspan="2">三层东侧外墙</td><td>检验时间</td><td colspan="2">××××年××月××日</td></tr>
<tr><td>实体检验过程见证记录</td><td colspan="5">1.设计外墙保温材料为石墨聚苯板；
2.设计容重25kg/m³；
3.设计厚度为70mm；
4.由检测单位采用WL—110工程钻机，在现场钻芯取样；
5.由检测单位使用钢直尺测量钻芯取样的石墨聚苯板保温层实际厚度。</td></tr>
<tr><td rowspan="2">施工单位检验人员</td><td>签字</td><td>质检员签字</td><td rowspan="2">检测单位检验人员</td><td>签字</td><td>检测人员签字</td></tr>
<tr><td>日期</td><td>××××年××月××日</td><td>日期</td><td>××××年××月××日</td></tr>
<tr><td>见证人</td><td colspan="2">（监理单位备案见证人员签字）</td><td>见证印章</td><td colspan="2">（此处加盖见证送检章）</td></tr>
</table>

7.6 旁站记录

旁站是项目监理机构对工程的关键部位或关键工序的施工质量进行的监督活动。

7.6.1 基本要求

（1）项目监理机构应根据工程特点和施工单位报送的施工组织设计，确定旁站的关键部位和关键工序，并书面通知施工单位。

（2）施工单位应在需要旁站的关键部位、关键工序施工前，书面通知项目监理机构安排监理人员旁站。

（3）项目监理机构应当按照旁站方案安排监理人员实施旁站，旁站中发现问题应当要求施工单位及时整改。旁站人员应及时做好旁站记录，并保存好旁站原始资料，必要时应留有影像资料。

（4）旁站记录应由旁站人员记录并签字，记录内容应真实、准确、及时，并与监理日志相一致。

7.6.2 旁站的关键部位、关键工序

根据《房屋建筑工程施工旁站监理管理办法（试行）》、住房和城乡建设部办公厅关于实施《危险性较大的分部分项工程安全管理规定》有关问题的通知及部分省、市有关监理旁站的相关规定，需要监理旁站的关键部位、关键工序包括：

（1）房屋建筑工程旁站的主要关键部位、关键工序。

①深基坑（沟槽）开挖、支护及拆除；

②地质条件、周围环境、地下管线复杂，地下水位在坑底以上的基坑土方开挖、回填及降水工程；

③暗挖工程；

④混凝土灌注桩浇筑；

⑤地下连续墙；

⑥土钉墙；

⑦后浇带及其他结构混凝土；

⑧防水混凝土浇筑；

⑨卷材防水细部构造处理；

⑩钢结构安装；

⑪高大模板搭设与拆除；

⑫脚手架搭设和拆除；

⑬起重吊装；

⑭拆除、爆破；

⑮梁柱节点钢筋隐蔽过程；

⑯混凝土浇筑；

⑰预应力张拉；

⑱装配式结构安装；

⑲钢结构安装；

⑳网架结构安装；

㉑索膜安装；

㉒新材料及新技术、新工艺的使用；

㉓其他需要旁站的部位和工序。

（2）市政公用工程旁站的主要关键部位、关键工序。

①深基坑（沟槽）开挖、支护及拆除；

②6m以上边坡施工；

③深度超过5m（含5m）的土方开挖；

④地质条件、周围环境、地下管线复杂，地下水位在坑底以上的基坑（沟槽）、边坡、土方施工；

⑤暗挖工程；

⑥地基处理；

⑦道路面层施工；

⑧模板支撑系统搭设与拆除；

⑨脚手架搭设与拆除；

⑩起重机械设备安装与拆除；

⑪起重吊装；

⑫拆除、爆破；

⑬钢筋隐蔽工程；

⑭基础及主体结构混凝土浇筑；

⑮预应力张拉；

⑯防水层施工；

⑰钢结构安装；

⑱管道对接与疏通；

⑲设备安装；

⑳采用新材料、新技术、新工艺的部位和工序；

㉑其他需要旁站的部位和工序。

7.6.3 旁站记录要点

（1）工程名称：应与建设工程施工许可证的工程名称一致。

（2）记录编号：旁站记录的编号应按单位工程分别设置，按时间自然形成的先后顺序从001开始，连续标注。

（3）旁站的关键部位、关键工序：填写内容包括所旁站的楼层、施工流水段、分项工程名称。

（4）旁站开始时间：应填写旁站开始的××××年××月××日××时××分。

（5）旁站结束时间：应填写旁站结束的××××年××月××日××时××分。

（6）旁站的关键部位、关键工序施工情况：

①施工单位质量员、施工员等管理人员到岗情况，特殊工种人员持证上岗情况，操作人员的各工种数量；

②施工中使用原材料的规格、数量或预拌混凝土强度等级、数量、厂家名称及供应时间间隔等情况，现场取样情况；

③施工机械设备的名称、型号、数量及完好情况；

④施工设施的准备及使用情况；

⑤施工是否执行了施工方案以及是否符合工程建设强制性标准情况。

（7）施工当日的气象情况和外部环境情况，对施工有无影响。

（8）发现的问题及处理情况：施工中如果出现了异常情况，旁站监理人员应及时参与处理，问题严重时应及时向总监理工程师报告。问题及处理情况应详细记录，包括问题的描述，问题处理采取的措施等。如旁站中未出现问题，在此栏中应做“/”标记。

7.6.4 旁站记录管理要求

（1）旁站记录的完成时间应在下道工序施工前完成，并由旁站监理人员签字。

（2）总监理工程师应抽查旁站记录，抽查中若发现问题，应及时与旁站监理人员进行沟通并提出整改要求。

（3）旁站记录原则上应为手写记录，可询问当地主管部门意见后采用计算机录入的方式生成电子版文档（Word文档），在打印后，再手填重要信息和重要内容，最后记录人进行签字。

（4）旁站记录应按单位工程组卷，旁站监理人员应在每月25日将本月发生的旁站记录交项目监理机构资料管理人员统一归档保管。

（5）旁站记录应按照“谁旁站、谁负责、谁记录”的原则记录。

旁站记录填写示例：

土方开挖旁站记录

工程名称：××工程　　　　　　　　　　　　　　　　　　　　　　　　　　　编号：××

旁站的关键部位、关键工序	1号楼基坑土方开挖	施工单位	××建筑有限公司
旁站开始时间	××××年××月××日××时××分	旁站结束时间	××××年××月××日××时××分

旁站的关键部位、关键工序施工情况：

施工情况：

1.施工单位安全员、施工员在岗履职，水准仪1台、挖掘机2台，施工机械良好；

2.基坑周边防护栏杆及安全标识设置到位，基坑开挖顺序符合土方专项方案的规定；

3.围护桩表面松散泥土已清理干净，桩间未见渗水现象；

4.挖土主要采用挖掘机开挖，人工配合，土方直接装车外运。

监理情况：

1.施工企业现场人员、机械准备到位，施工机械良好；

2.人员安全防护设施佩戴到位，机械设备安全防护设施到位；

3.基底标高××m，原始地坪标高××m，挖土深度××m；

4.抽测基底标高××m、××m、××m、××m、××m；

5.边坡满足设计要求，基底土质满足设计土层。

发现的问题及处理情况：

发现的问题：

1.放坡开挖后其纵向坡度偏陡；

2.基坑内未设置排水沟与集水井；

3.局部出现轻微超挖现象。

处理意见：

以上问题已当场要求施工单位进行整改，同时要求施工单位加强管理，增强质量意识，严格按照图纸及规范进行施工。

旁站监理人员（签字）：吴××

××××年××月××日

注：本表一式一份，项目监理机构留存。

土方回填旁站记录

工程名称：××工程　　　　　　　　　　　　　　　　　　　　　　　　　　编号：××

旁站的关键部位、关键工序	1号楼基坑土方回填	施工单位	××建筑有限公司
旁站开始时间	××××年××月××日××时××分	旁站结束时间	××××年××月××日××时××分

旁站的关键部位、关键工序施工情况：

施工情况：

施工单位现场相关管理人员及时到场，施工机械设备运转正常，采用自卸汽车运输回填土，回填土质及含水率符合设计及规范要求，回填施工过程中采用打夯机配合人工分层进行夯实，分层厚度约为30厘米，施工完毕后采取了相应的回填土保护措施。

监理情况：

施工单位现场人员及时到场，施工机械机具良好，人员安全防护设施佩戴到位，机械设备安全防护设施到位，回填土方前对基坑内建筑垃圾等杂物进行了清理，各项准备工作满足回填施工条件。回填土质量满足设计和规范要求，采用打夯机配合人工进行分层分实，严格控制回填土分层厚度及夯实遍数，保证回填质量。

发现的问题及处理情况：

发现的问题：

1.部分回填土垃圾清理不及时；

2.局部回填厚度偏差过大。

处理意见：

以上问题已当场要求施工单位进行整改，同时要求施工单位加强管理，提高质量意识，严格按照图纸及规范进行施工。

旁站监理人员（签字）：吴××

××××年××月××日

注：本表一式一份，项目监理机构留存。

防水旁站记录

工程名称：××工程

编号：××

<table>
<tr><td>旁站的关键部位、关键工序</td><td>1号楼基础防水层</td><td>施工单位</td><td>××建筑有限公司</td></tr>
<tr><td>旁站开始时间</td><td>××××年××月××日××时××分</td><td>旁站结束时间</td><td>××××年××月××日××时××分</td></tr>
<tr><td colspan="4">旁站的关键部位、关键工序施工情况：
施工情况：
1.施工前的各项准备工作已就绪；
2.卷材的铺贴顺序：由南向北自下而上围；施工人员均持证上岗，加热器喷枪二台，共8人分两组进行施工。
监理情况：
1.检查自黏性改性沥青防水卷材及配套材料出厂合格证，检查卷材厚度，检验报告齐全，且复检合格；
2.检查施工单位有防水资质，操作人员上岗证；
3.检查卷材与基层连接牢固，基面洁净、涂刷冷底子油均匀，平整，无空鼓、松动、起砂和脱皮现象，阴阳角处已做成圆弧形；
4.检查卷材搭接缝连接牢固，密封严密，无褶皱、翘边和鼓泡等缺陷；
5.检查卷材搭接宽度在允许偏差范围内；
6.检查板底卷材防水层与板墙防水层的连接长度，结合紧密，厚度均匀一致。</td></tr>
<tr><td colspan="4">发现的问题及处理情况：
发现问题：
局部冷底子油涂刷不均匀。
处理意见：
立即要求重新涂刷冷底子油（经复查，已整改到位），要求施工单位在施工前对工人进行技术交底，加强工程的质量安全意识，施工中注意用电安全。

旁站监理人员（签字）：吴××
××××年××月××日</td></tr>
</table>

注：本表一式一份，项目监理机构留存。

混凝土浇筑旁站记录

工程名称：××工程　　　　　　　　　　　　　　　　　　　　　　　　编号：××

<table>
<tr><td>旁站的关键部位、关键工序</td><td>2号楼3层墙柱顶梁板混凝土浇筑</td><td>施工单位</td><td>××建筑有限公司</td></tr>
<tr><td>旁站开始时间</td><td>××××年××月××日××时××分</td><td>旁站结束时间</td><td>××××年××月××日××时××分</td></tr>
<tr><td colspan="4">旁站的关键部位、关键工序施工情况：
施工情况：
1.本次混凝土浇筑为2号楼3层墙柱顶梁板混凝土浇筑；
2.主要人员：木工5人、钢筋工2人、混凝土浇筑工10人、水电工2人、技术员2人；
3.现场人员满足浇筑需求；
4.主要设备：汽泵1台，塔吊1台，振动棒两个，现场施工机械满足浇筑需求；
5.混凝土为商品混凝土，现场采用 ××有限公司 商品混凝土，强度等级为C30；现场实际浇筑混凝土方量为230m^3，设计要求坍落度为200mm±20mm；
6.施工前由技术员进行技术交底，安全员进行安全教育，混凝土入模后要求工人及时振捣，做到不漏振、不过振，振捣密实后抹平收浆，覆盖薄膜并做好成品保护工作。要求钢筋工在现场及时调整踩踏钢筋，确保钢筋的间距、位置，木工及时加固模板，防止鼓膜变形。
监理情况：
1.检查施工方人员到位情况，现场施工管理人员 刘××、张×× 在岗履责；
2.现场2号楼3层墙柱顶梁板混凝土浇筑标高和钢筋绑扎、板面垃圾清理于6月10日验收合格；
3.浇筑混凝土前对梁板标高、钢筋绑扎、垃圾清理情况进行验收，符合要求后再行浇筑；
4.核实商品混凝土配比标号，抽查其坍落度，是否符合要求（是/否）；
5.现场见证混凝土试块留置：标养3组，同条件3组，拆模2组。</td></tr>
<tr><td colspan="4">发现的问题及处理情况：
发现问题：
局部板面钢筋存在被踩现象，降低了板的抗震强度；局部柱筋位置偏移；剪力墙振捣时间不够长；下雨时，未能及时对浇筑面进行保护。
处理意见：
要求施工员增加钢筋支架，及时调整钢筋；要求施工员重新定位复核，及时调整柱筋位置；要求振捣保持20～25秒，振捣该部位模板缝隙刚好露浆为宜；要求施工员立即覆膜保护。
旁站监理人员（签字）：马××
××××年××月××日</td></tr>
</table>

注：本表一式一份，项目监理机构留存。

塔式起重机安装旁站记录

工程名称：××工程

编号：××

<table>
<tr><td>旁站的关键部位、关键工序</td><td>2号楼塔式起重机安装</td><td>施工单位</td><td>××建筑有限公司</td></tr>
<tr><td>旁站开始时间</td><td>××××年××月××日××时××分</td><td>旁站结束时间</td><td>××××年××月××日××时××分</td></tr>
<tr><td colspan="4">旁站的关键部位、关键工序施工情况：
施工情况：
1.设备基础已于××××年××月××日施工完毕，经验收合格，并与设备安装单位进行了交接；
2.设备安装单位为：××设备安装租赁有限公司；
3.机械设备及人员：2台25T汽车起重机、施工技术员×人、安全员×人、安装工人×人；
4.作业范围内，已按要求设立警戒线和醒目的警戒标志并安排专人警戒；
5.已按安装方案进行技术交底和安装。
监理情况：
1.审查设备生产厂家具有生产许可证，许可证编号〔2020〕1821，设备具有合格证、检测报告，设备使用年限为10年；
2.审查设备安装单位具备专项资质；
3.设备安装作业人员具有特殊工种上岗证；
4.核对设备安拆方案已经审批或论证；
5.督促安拆单位按照经审批的方案进行作业。</td></tr>
<tr><td colspan="4">发现的问题及处理情况：
发现问题：
安装前未进行安全交底；个别安装人员未正确佩戴安全帽；安全员未全过程进行监督。
处理意见：
对于存在的问题，现场监理人员已当场指出并要求施工单位立即进行了整改，保证了塔式起重机安装顺利进行。

旁站监理人员（签字）：马××
××××年××月××日</td></tr>
</table>

注：本表一式一份，项目监理机构留存。

塔式起重机拆除旁站记录

工程名称：××工程　　　　　　　　　　　　　　　　　　　　　　　编号：××

旁站的关键部位、关键工序	2号楼塔式起重机安装	施工单位	××建筑有限公司
旁站开始时间	××××年××月××日××时××分	旁站结束时间	××××年××月××日××时××分

旁站的关键部位、关键工序施工情况：

施工情况：

1.首先对作业人员进行拆除方案及技术安全交底并组织拆除作业人员学习该型号塔式起重机说明书；

2.设备拆除单位为××设备安装租赁有限公司；

3.机械设备及人员：2台25T汽车起重机、施工技术员×人、安全员×人、安装工人×人；

4.作业范围内，按要求设立警戒线和醒目的警戒标志并安排专人警戒；

5.已按拆卸方案进行技术交底。

监理情况：

1.已审查塔式起重机拆除施工方案；起重机位置合理且在吊臂运行范围内无高压电线及障碍物；吊机使用已制定安全措施；

2.已检查起重机制造厂家有生产许可证，出厂合格证及有产权单位的起重机械设备安全技术档案；

3.已检查拆除单位资质，有建设行政主管部门塔式起重机拆卸专业承包资质证书，从业人员有作业资格证书；

4.施工单位项目部主要人员，包括技术负责人、技术人员、安全员等已到位，特殊工种持证上岗；

5.整个拆除施工流程均符合施工安装规范及施工方案相应规定的要求。

发现的问题及处理情况：

发现问题：

拆除未设立警戒区，拆除过程中个别安装人员未正确佩戴安全帽。

处理意见：

对于存在的问题，现场监理人员已当场指出并要求施工单位立即进行了整改，保证了塔式起重机的顺利拆除。

旁站监理人员（签字）：马××

××××年××月××日

注：本表一式一份，项目监理机构留存。

脚手架搭设旁站记录

工程名称：××工程

编号：××

<table>
<tr><td>旁站的关键部位、关键工序</td><td>3号楼脚手架搭设</td><td>施工单位</td><td>××建筑有限公司</td></tr>
<tr><td>旁站开始时间</td><td>××××年××月××日××时××分</td><td>旁站结束时间</td><td>××××年××月××日××时××分</td></tr>
<tr><td colspan="4">旁站的关键部位、关键工序施工情况：
施工情况：
1.现场管理人员到位，架子工×人，持证上岗，人员证件相符；
2.操作人员安全设施佩戴齐全；
3.安全员对现场操作人员进行安全教育及安全、技术交底。
监理情况：
1.现场使用符合要求的钢管，直角、对接、扣件材质符合要求；
2.立杆、横杆间距符合要求，小横杆加设符合要求；
3.拉结点加设符合要求；
4.剪刀撑搭设符合要求；
5.安全平网、密目网挂设符合要求。</td></tr>
<tr><td colspan="4">发现的问题及处理情况：
发现问题：
搭设未设立警戒区，搭设过程中个别架子工未正确佩戴安全帽。
处理意见：
对于存在的问题，现场监理人员已当场指出并要求施工单位立即进行了整改，保证了脚手架的顺利搭设。

旁站监理人员（签字）：吴××
××××年××月××日</td></tr>
</table>

注：本表一式一份，项目监理机构留存。

脚手架拆除旁站记录

工程名称：××工程　　　　　　　　　　　　　　编号：××

旁站的关键部位、关键工序	3号楼脚手架搭设	施工单位	××建筑有限公司
旁站开始时间	××××年××月××日××时××分	旁站结束时间	××××年××月××日××时××分

旁站的关键部位、关键工序施工情况：

施工情况：

1. 现场管理人员到位，架子工×人，持证上岗，人员证件相符；
2. 操作人员安全设施佩戴齐全；
3. 安全员对现场操作人员进行安全教育及安全、技术交底。

监理情况：

1. 已编制专项施工方案并批准；
2. 已进行安全技术交底；
3. 相关人员资质已满足相关规定；
4. 吊运机械性能完好，安全可靠；
5. 作业人员正确使用防护用品；
6. 拆架流程已按照专项施工方案进行；
7. 拆除的钢管及零部件有序堆放；
8. 施工现场已及时清理干净。

发现的问题及处理情况：

发现问题：

拆除未设立警戒区，拆除过程中个别架子工未正确佩戴安全帽。

处理意见：

对于存在的问题，现场监理人员已当场指出并要求施工单位立即进行了整改，保证了脚手架的顺利拆除。

旁站监理人员（签字）：吴××

××××年××月××日

注：本表一式一份，项目监理机构留存。

7.7 平行检验记录

平行检验是项目监理机构在施工单位自检的同时，按《建设工程监理合同》约定及有关规定对同一检验项目进行的检测试验活动。

7.7.1 基本要求

（1）对用于工程的材料、构配件、设备进行平行检验，应按照《建设工程监理合同》约定的平行检验的项目、数量、频率等内容进行。

（2）平行检验的项目应根据工程特点、专业要求，以及《建设工程监理合同》的约定确定，并纳入监理实施细则。

（3）平行检验记录的编号应按单位工程分别设置，按时间自然形成的先后顺序从001开始，连续标注。

（4）平行检验部位的填写内容包括所检验的楼层、所在轴线网。

（5）平行检验记录应写明规范标准规定值，并如实记录实测值。

（6）对于平行检验中发现有不合格点的，项目监理机构应要求施工单位对平行检验所涉及范围的项目进行100%检查。

（7）项目监理机构的平行检验不代替施工单位的质量检验。

（8）对平行检验不合格的施工质量，项目监理应签发监理通知单，要求施工单位在指定的时间内整改并重新报验。

《平行检查记录》填写示例：

平行检查记录（测量放线）

编号：× ×

工程名称	× × × 工程项目	项目地点	× × 大道东侧、× × 路南侧
检查时间	× × × × 年 × × 月 × × 日	检查方法	实测实量
检查部位	× × 楼基础	检查人员	陈 × ×

检查依据：《工程测量标准》GB 50026—2020 及图纸

检查记录：

控制桩保护情况：__完好__；测量仪器及设备为__经纬仪__；测量仪器与设备☑是/□否已校验，承包单位测量人员为__张 × ×__。

检查项目	实际测量误差（mm）		
建筑（构筑）物长度__× ×__	× ×	× ×	× ×
建筑（构筑）物宽度__× ×__	× ×	× ×	× ×
设计标高为__× ×__	× ×	× ×	× ×

测量示意简图：

检查结论：

经检查☑是/□否符合设计和验收规范要求。

处理记录：

说明：项目监理机构根据工程监理规划及细则，对工程关键控制点及隐蔽工程进行检查时填写此表。

平行检查记录（土方开挖）

编号：××

<table>
<tr><td>工程名称</td><td>×××工程项目</td><td>项目地点</td><td>××大道东侧、××路南侧</td></tr>
<tr><td>检查时间</td><td>××××年××月××日</td><td>检查方法</td><td>尺量、水平仪</td></tr>
<tr><td>检查部位</td><td>××楼</td><td>检查人员</td><td>陈××</td></tr>
<tr><td colspan="4">检查依据：施工图及《建筑地基基础工程施工质量验收标准》GB 50202—2018</td></tr>
<tr><td colspan="4">检查记录：

主控项目：</td></tr>
</table>

<table>
<tr><td>检查项目</td><td>允许偏差（mm）</td><td colspan="5">实测（mm）</td></tr>
<tr><td>底标高</td><td>−50</td><td>−30</td><td>−20</td><td>−20</td><td>−35</td><td>−10</td></tr>
<tr><td>长度</td><td rowspan="2">（由设计中心线向两边量）
允许偏差+20，−5</td><td>10</td><td>15</td><td>0</td><td>0</td><td>0</td></tr>
<tr><td>宽度</td><td>15</td><td>10</td><td>0</td><td>10</td><td>15</td></tr>
</table>

边坡☑符合/□不符合设计及验收规范要求。

一般项目：

1.表面平整度：规范规定20mm，实测为××mm、××mm、××mm、××mm、××mm，☑符合/□不符合设计要求。

2.基底土质☑符合/□不符合勘察设计要求。

检查结论：

经检查☑是/□否符合设计和验收规范要求。

处理记录：

说明：项目监理机构根据工程监理规划及细则，对工程关键控制点及隐蔽工程进行检查时填写此表。

平行检查记录（土方回填）

编号：××

工程名称	×××工程项目	项目地点	××大道东侧、××路南侧
检查时间	××××年××月××日	检查方法	尺量
检查部位	××楼	检查人员	陈××
检查依据：施工图及《建筑地基基础工程施工质量验收标准》GB 50202—2018			
检查记录： 回填土击实试验编号为 ×× 。 主控项目：分层压实试验报告编号为 ×× 、 ×× 、 ×× ，☑符合/□不符合设计要求。 一般项目：回填土料为 素土 ，☑符合/□不符合设计要求，运输距离为 ×× km，分层厚度及含水量☑符合/□不符合设计要求，表面平整度允许偏差20mm，现场实测为：×× mm、×× mm、×× mm，☑符合/□不符合验收规范要求。			
检查结论： 经检查☑是/□否符合设计和验收规范要求。			
处理记录：			

说明：项目监理机构根据工程监理规划及细则，对工程关键控制点及隐蔽工程进行检查时填写此表。

平行检查记录（模板安装）

编号：××

工程名称	×××工程项目	项目地点	××大道东侧、××路南侧
检查时间	××××年××月××日	检查方法	经纬仪、水准仪测量、尺量
检查部位	××楼××层墙、柱	检查人员	陈××
检查依据	施工图及《混凝土结构工程施工质量验收规范》GB 50204—2015		

主控项目：

模板及支架用材料的技术指标应符合国家现行有关标准的规定。进场时应抽样检验模板和支架材料的外观、规格和尺寸。

现浇混凝土结构模板及支架的安装质量，应符合国家现行有关标准的规定和施工方案的要求。

支架竖杆和竖向模板安装在土层上时，应符合下列规定：

1. 土层应坚实、平整，其承载力或密实度应符合施工方案的要求；
2. 应有防水、排水措施；对冻胀性土应有预防冻融措施；
3. 支架竖杆下应有底座或垫板。

检查记录：

模板专项施工方案☑是/□否审批，模板施工☑是/□否依照专项施工方案施工。

模板刚度及其支架强度、承受荷载的承载能力☑符合/□不符合规范规定。

模板清理干净、涂刷隔离剂☑符合/□不符合规范规定。

模板接缝☑是/□否严密，模板内□有/☑无积水、杂物等。

模板支撑系统☑是/□否符合专项施工方案，☑是/□否设置扫地杆。

项目		允许偏差（mm）	检验方法	抽检数值（mm）									
轴线位置		5	钢尺检查	3	4	2	1	2	1	2	5	3	2
底模上表面标高		±5	水准仪或拉线、钢尺检查	-1	2	3	-3	-2	0	1	2	4	2
截面内部尺寸	基础	±10	钢尺检查	/	/	/	/	/	/	/	/	/	/
	柱、墙、梁	+5，-5	钢尺检查	-1	-2	1	2	5	3	4	0	3	2
层高垂直度	不大于6m	8	经纬仪或吊线、钢尺检查	2	1	4	6	3	0	4	3	5	6
	大于6m	10	经纬仪或吊线、钢尺检查	/	/	/	/	/	/	/	/	/	/
预留洞	中心线位置	10	钢尺检查	2	2	3	4	5	7	8	4	3	6
	尺寸	+10、0	钢尺检查	2	4	5	6	8	3	2	5	2	5

检查结论：

☑是/□否符合设计及验收规定。

处理记录：

说明：项目监理机构根据工程监理规划及细则，对工程关键控制点及隐蔽工程检查时填写此表。

平行检查记录（钢筋安装）

编号：××

工程名称	×××工程项目	项目地点	××大道东侧、××路南侧
检查时间	××××年××月××日	检查方法	□钢尺测量☑卡尺测量
检查部位	××楼××层梁、板	检查人员	陈××
检查依据：施工图及《混凝土结构工程施工质量验收规范》GB 50204—2015			

主控项目：

钢筋进场时，应按国家现行标准的规定抽取试件做屈服强度、抗拉强度、伸长率、弯曲性能和重量偏差检验，检验结果应符合相应标准的规定。

成型钢筋进场时，应抽取试件做屈服强度、抗拉强度、伸长率和重量偏差检验，检验结果应符合国家现行相关标准的规定。

对按一、二、三级抗震等级设计的框架和斜撑构件（含梯段）中的纵向受力普通钢筋应采用HRB335E、HRB400E、HRB500E、HRBF335E、HRBF400E或HRBF500E钢筋，其强度和最大受力下的总伸长率的实测值应符合下列规定：

1.抗拉强度实测值与屈服强度实测值的比值不应小于1.25；

2.屈服强度实测值与屈服强度标准值的比值不应大于1.30；

3.最大受力下的总伸长率不应小于9%。

检查记录：

钢筋原材合格证、检测报告☑齐全/□不齐全。

原材复检结果☑合格/□不合格，编号××。

钢筋直径抽查，直径××mm，实测数值如下：××mm、××mm、××mm、××mm、××mm、××mm。

直径××mm，实测数值如下：××mm、××mm、××mm、××mm、××mm。

直径××mm，实测数值如下：××mm、××mm、××mm、××mm、××mm。

钢筋品种、规格、数量、位置☑符合/□不符合设计要求。

钢筋接头位置、接头百分率☑符合/□不符合设计要求。

钢筋接头搭接长度☑符合/□不符合要求。

钢筋表面□有/☑无老锈和油污等。

钢筋保护层厚度：☑有/□无垫块；上部钢筋☑有/□无马镫、支撑，垫块或钢筋马镫☑是/□否设置可靠，洞口及墙四周附加钢筋☑符合/□不符合设计要求。

钢筋安装位置的允许偏差和检验方法

项目			允许偏差（mm）	检验方法	实测误差(mm)									
绑扎钢筋网	长、宽		± 10	钢尺检查	2	1	3	2	−1	1	−3	4	2	5
	网眼尺寸		± 20	钢尺量连续三档，取最大值	−2	12	12	10	8	11	13	13	12	8
绑扎钢筋骨架	长		± 10	钢尺检查	2	4	2	1	2	−4	2	0	1	1
	宽、高		± 5	钢尺检查	2	−1	−4	−5	2	1	0	4	2	1
受力钢筋	间距		± 10	钢尺量两端、中间各一点	−4	−2	3	2	3	4	2	5	0	−2
	排距		± 5	取最大值	2	1	2	0	2	1	4	2	1	0
	保护层厚度	基础	± 10	钢尺检查	/	/	/	/	/	/	/	/	/	/
		柱、梁	± 5	钢尺检查	2	1	2	−2	3	5	−2	1	2	0
		板、墙、壳	± 3	钢尺检查	−2	−1	2	1	2	1	0	−1	1	2
绑扎箍筋、横向钢筋间距			± 20	钢尺量连接三挡，取最大值	−5	12	11	10	8	−13	12	16	12	11
钢筋弯起点位置			20	钢尺检查	13	15	16	8	10	12	12	11	10	11
箍筋间距			± 10	钢尺测量	−6	−8	8	10	11	15	13	15	13	11

检查结论：

经检查☑是/□否符合设计和验收规范要求。

处理记录：

说明：项目监理机构根据工程监理规划及细则，对工程关键控制点及隐蔽工程检查时填写此表。

平行检查记录（混凝土外观）

编号：××

工程名称	×××工程项目	项目地点	××大道东侧、××路南侧
检查时间	××××年××月××日	检查方法	尺量、观察
检查部位	××楼××层墙、柱	检查人员	陈××

检查依据：施工图及《混凝土结构工程施工质量验收规范》GB 50204—2015

主控项目：

外观质量□有/☑无严重缺陷。

一般部位外观质量□有/☑无蜂窝、麻面、孔洞、夹渣、露筋等质量缺陷。

同条件试件☑是/□否放置在施工现场并采取保护措施。

标准养护试件☑是/□否满足验收规范要求。

一般项目：

检查内容	允许偏差（mm）	实测误差（mm）				
轴线位置	15	10	8	12	11	9
截面尺寸	+10，-5	2	3	2	1	1
表面平整度	8	2	3	4	2	1
垂直度	≤6m，为10	2	3	5	2	1
	＞6m，为12	/	/	/	/	/

有防水要求的混凝土基层，其阴角部位及细部处理☑是/□否满足验收规范要求。

检查结论：

经检查☑是/□否符合设计和验收规范要求。

处理记录：

说明：项目监理机构根据工程监理规划及细则，对工程关键控制点及隐蔽工程进行检查时填写此表。

7.8 技术核定单

技术核定单顾名思义是指技术方面，比如对方案修改、实物量变动、位置变化等技术方面的更改。技术核定单是记录施工图设计责任之外，对完成施工承包义务，采取合理的施工措施等技术事宜，提出的具体方案、方法、工艺、措施等，经发包方和有关单位共同核定的凭证之一。

技术核定单填写示例：

技术核定单

编号：××

工程名称	××工程项目	建设单位	××有限公司
设计单位	××设计研究院	监理单位	××工程监理有限公司
施工单位	××建筑有限公司	施工图号	××
核定内容	1.业务楼的剪力墙、暗柱、框架柱的混凝土强度均按照蓝图中柱表各层标注混凝土强度施工。 2.业务楼的一层结构3-1～8-1/B-1轴处框架梁KL-X_A07（5）400mm×1200mm考虑到在该处东西梁的梁底标高为-1.25m，南边底跨的南北梁的梁底标高为-1.3m，比KL-X_A07（5）400mm×1200mm低0.05m，所以将KL-X的截面改为400mm×1250mm。		
施工单位（盖章） 项目经理签字：赵×× ××××年××月××日	监理单位（盖章） 监理工程师签字：李×× ××××年××月××日	设计单位（盖章） 项目负责人签字：王×× ××××年××月××日	建设单位（盖章） 项目负责人签字：张×× ××××年××月××日

7.9 监理会议纪要

监理会议一般包括第一次工地会议、监理例会和专题会议等。

7.9.1 基本要求

（1）第一次工地会议在工程开工前由建设单位主持召开。其主要内容是工程参建各方对各自驻现场人员及分工、开工准备、监理例会要求等情况进行沟通和协调，建设单位对监理单位的授权范围介绍。项目监理机构负责整理会议纪要，经与会各方代表审核同意后签认。

（2）监理例会由总监理工程师或其授权的专业监理工程师主持。建设单位驻现场代表、项目监理机构人员、施工单位项目负责人及相关人员参加。必要时，可邀请勘察、设计等相关单位代表参加监理例会。

（3）监理例会召开的时间、地点及周期应在第一次工地会议上协商确定。

（4）专题会议是为解决监理过程中的工程专项问题而不定期召开的会议。项目监理机构应根据工程的实际需要召开专题会议，由总监理工程师或其授权的专业监理工程师主持，主要解决工程中出现的重要专项问题。

7.9.2 第一次工地会议的主要内容

第一次工地会议的主要内容如下：

（1）建设单位、监理单位、施工单位分别介绍各自驻现场的组织机构、人员及分工；

（2）建设单位介绍工程开工准备情况；

（3）施工单位介绍施工准备情况；

（4）总监理工程师介绍监理规划的主要内容；

（5）建设单位和总监理工程师对施工准备情况提出意见及要求；

（6）研究确定各方参加监理例会的主要人员、召开例会周期、地点、时间主要议题等；

（7）其他有关事项。

7.9.3 监理例会的主要内容

监理例会的主要内容如下：

（1）监理单位通报上次例会议定事项执行落实情况，分析未完事项原因及要求；

（2）施工单位汇报本阶段工程施工情况（包括质量、安全、进度等），对存在问题的整改措施，提出需要协调解决的事项；

（3）监理单位分析工程项目质量、安全、进度等情况，提出下阶段目标及措施，针对存在的问题提出改进措施；

（4）建设单位和其他参会相关单位提出要求；

（5）其他需要解决的事宜。

7.9.4 专题会议主要内容

项目监理机构应根据工程实际需要召开专题会议，协调解决工程中出现的质量、安全生产管理、工程变更、进度和造价以及其他需要召开专题会议解决的问题。

专题会议的主要内容如下：

（1）会议主要议题；

（2）本次会议情况：会议纪要以会议发言单位顺序为准排序。各单位人员在会议中提出的事项应明确责任单位、处理情况和完成日期三项内容；

（3）专题会议议决事项；

（4）会议纪要记录整理单位；

（5）会议纪要会签栏。

7.9.5 会议纪要整理

（1）第一次工地会议、监理例会、专题会议纪要由项目监理机构负责整理，与会各方代表会签。会议签到表应作为会议纪要的附件归档。

（2）会议纪要应经总监理工程师审阅签字，并交施工单位项目经理、建设单位代表审阅后在会签栏签字。

（3）会议纪要印发至参会各方，并应有签收手续。

第一次工地会议例会纪要填写示例（内容略）：

××工程项目

第一次工地会议例会纪要

××工程监理有限公司

××工程项目监理机构

××××年××月××日

7.10 巡视检查记录

巡视是指监理人员在施工现场进行的定期或不定期的监督检查活动。它包括了三层含义：

（1）巡视是监理人员针对施工现场进行的检查，是对于施工现场的施工工序或施工操作所进行的一种监督检查手段；

（2）巡视是所有监理人员都应进行的一项日常工作，并且一般情况下需要监理人员在施工期间每天（定时或不定时）巡视施工现场；

（3）巡视是一个指导、监督、检查活动，巡视以了解情况和发现问题为主，巡视的方法以目视和记录为主。

巡视检查，它以施工现场的人员、材料、机械、方法和环境为控制对象，通过监理的监督与检查，及时发现违章操作和不按设计要求、不按施工图纸或施工规范、规程或质量标准施工的现象，对不符合要求的要及时进行纠正和严格控制。

巡视记录是监理人员对巡视活动最全面的监控记录，体现了巡视监理人员的劳动成果，是评定监理工作、界定监理责任的证据之一。因此，巡视监理人员在巡视结束后应认真、及时对巡视情况进行记录。

7.10.1 基本要求

（1）巡视记录应填写“巡视部位、巡视起止时间”，包括详细填写楼层、施工段、巡视起止时间，施工部位应写清所在部位的轴线、标高。

（2）“监理巡视情况”应根据现场实际情况记录所巡视部位的现场人员情况、使用材料情况、施工质量、安全、进度等情况，并将存在的问题一一列举。现场发出的口头指令，应记录发出指令的时刻、内容和接收人。对发出的书面指令，应进行详细地记录，包括要求整改的内容、时限以及监理人员对后续整改情况的跟踪落实结果等。

（3）巡视记录的内容应真实、及时、准确、全面反映当日发生的各施工过程、工序的施工情况。巡视记录应尽量采用专业术语和图表表示，不用过多的修饰词语，更不要夸大其词，涉及的相关数据，应写清准确的数字，并应记录巡视过程中的相关量测数据、简图、施工偏差数据等详细情况。

（4）当日的巡视记录表应由项目总监理工程师及时检查签字确认，并落实有关现场指示的执行情况。

7.10.2 巡视检查主要内容

根据《建设工程监理规范》GB/T 50319—2013，项目监理机构应安排监理人员对工程施工质量进行巡视。巡视应包括下列主要内容：

(1) 施工单位是否按工程设计文件、工程建设标准和批准的施工组织设计、(专项) 施工方案施工；

(2) 使用的工程材料、构配件和设备是否合格；

(3) 施工现场管理人员，特别是施工质量管理人员是否到位；

(4) 特种作业人员是否持证上岗。

7.10.3 巡视检查要点

(1) 巡视检查施工人员情况：应检查施工单位的项目经理、现场技术负责人、质检员、安全员等主要管理人员是否在岗到位；特种作业人员是否持证上岗，人证是否相符，是否进行相应的技术交底、是否进行安全培训并有记录；现场施工人员组织是否充分、合理，能否满足工期计划要求，是否按照审批的施工方案和设计文件施工等；现场施工人员是否按照规定佩戴安全防护用品。

(2) 巡视检查原材料、构配件和设备情况：工程所使用的原材料、构配件和设备规格型号是否符合设计要求；是否已按程序报验并允许使用；是否已经见证取样，并检测合格；有无使用不合格材料，有无使用质量合格证明资料欠缺的材料。

(3) 巡视检查施工机械情况：应巡视检查施工机械的使用情况、数量、性能是否满足工程进度需要；机械设备的进场、安装、验收、保管、使用等是否符合要求和规定；运转是否正常，有无异常现象发生等。

(4) 巡视检查施工工艺和方法：施工单位必须按照监理批准的施工组织设计组织施工，不得擅自改变或调整施工工艺和方法。在工程施工中，巡视人员应检查施工方法是否合理，施工工艺是否先进，施工操作是否正确等，对违反要求的施工工艺和操作方法，巡视人员应当予以指出并监督施工单位改正。

(5) 施工过程中的巡视检查和监督：总监理工程师应督促监理人员经常地、有目的地对施工单位的施工过程进行巡视检查。及时了解施工的具体情况，及时发现施工中存在的各种问题。监理人员对发现的质量、安全问题，应跟踪检查施工单位的纠正过程，验证纠正结果，以消除隐患。对施工过程中出现的较大质量、安全问题或隐患，监理人员应文字记录或采用照相、摄影等手段予以记录。监理人员在巡视检查中，对于发现的问题要根据发生的时间、部位、性质及严重程度等情况采取口头或书面形式及时通知施工单位进行整改处理，监理要做好相应的记录。对监理下发的书面整改要求，施工单位拒不执行的，监理人员要采取更进一步的措施，如下发工程暂停令或向建设单位、建设主管部门报告等形式，以杜绝质量、安全事故的发生或扩大。

（6）巡视安全文明施工情况：对工地安全生产文明施工情况进行巡视检查，发现安全隐患时，立即要求施工单位进行整改，必要时可暂停施工，直至消除安全隐患。对临时用电、“三宝”“四口”“五临边”坚持每天巡视检查，使之始终处于受控状态，同时督促施工单位加强对工人的安全教育、技术交底等工作。

（7）对施工环境的巡视检查情况：环境是指施工现场的工程技术环境、工程管理环境、劳动环境等，其对工程项目影响因素较多，有时将对质量产生重大影响，且具有复杂多变的特点。如雨季施工混凝土时，施工单位是否采取防雨措施，混凝土收光后是否覆盖等。因此，巡视监理人员应根据工程特点和现场具体的环境状况，对影响质量的重点部位进行巡视检查，查看施工单位是否采取相应措施，措施是否有效，施工是否符合相关规定要求等。

7.10.4 巡视检查问题的处置

（1）总监理工程师应督促监理人员经常地、有目的地对施工单位的施工过程进行巡视检查。及时了解施工的具体情况，及时发现施工中存在的各种问题。

（2）监理人员对发现的质量、安全问题，应跟踪检查施工单位的纠正过程，验证纠正结果，以消除隐患。对施工过程中出现的较大质量、安全问题或隐患，监理人员应文字记录或采用照相、摄影等手段予以记录。

（3）监理人员在巡视检查中对于发现的问题要根据发生的时间、部位、性质及严重程度等情况采取口头或书面形式及时通知施工单位进行整改处理，监理要做好相应的记录。

（4）对项目监理机构下发的书面整改要求，施工单位拒不执行的，监理人员应采取更进一步的措施，如下发工程暂停令或向建设单位、建设主管部门报告等形式，以杜绝质量、安全事故的发生或扩大。

《巡视检查记录》填写示例：

巡视检查记录

<table>
<tr><td>日期</td><td>××××年××月××日</td><td>气候</td><td>晴</td><td>工程地点</td><td>××路以北，××路以南</td></tr>
<tr><td colspan="2">巡视监理工程部位</td><td colspan="4">1号楼基础工程</td></tr>
<tr><td colspan="2">巡视开始时间</td><td colspan="2">上午8时</td><td>巡视结束时间</td><td>上午10时15分</td></tr>
<tr><td colspan="6">施工情况：
1号楼基础工程，基础筏板钢筋绑扎，钢筋工22人。</td></tr>
<tr><td colspan="6">发现问题：
1.钢筋绑扎完成后有踩踏现象；
2.现场巡视检查发现，有1名工人未戴安全帽。</td></tr>
<tr><td colspan="6">处理意见：
1.已通知质检员，安排钢筋工进行调整，加强钢筋成品保护措施；
2.已要求安全员到场检查，加大管理力度，对施工人员进行说服教育并要求立即佩戴安全帽。</td></tr>
<tr><td colspan="6">备注：
暂无。</td></tr>
<tr><td colspan="6">项目监理机构：
巡视检查：陈××
××××年××月××日</td></tr>
</table>

7.11 混凝土交货检验记录

由于预拌混凝土出厂后是半成品，还会受到施工方的浇筑工艺、振捣方式、养护措施和养护时间等因素的影响，因此预拌混凝土在到达施工现场进行交货时必须做好交货检验。交货检验应由施工单位负责组织，应按相关标准规范要求进行取样，落实旁站人员。混凝土交货检验应在施工现场混凝土运输车卸料点进行，进场的每一车预拌混凝土交接检验均应由施工单位指定管理人员和混凝土企业指定人员共同参与，监理单位应指定旁站人员见证交接验收过程，并将检验情况记入旁站记录。

7.11.1 交货检验主要内容

（1）查验预拌混凝土的类别、强度等级、数量和配合比。

（2）查验预拌混凝土的拌和时间，记录搅拌车的进场时间，计算运输时间。

（3）检验预拌混凝土的和易性，并做好记录。

（4）施工单位应按相关标准规范，指定专业人员按照标准要求进行取样、制作、标识、标准养护和管理，用于检验预拌混凝土的强度、耐久性及长期性能。对涉及结构安全特别是用于承重结构的预拌混凝土，应严格实施见证取样和送检。

（5）混凝土企业应结合供货实际，及时向需方提交预拌混凝土出厂质量证明文件、原材料复试报告、混凝土配合比报告等质量证明材料。

7.11.2 交货检验注意事项

（1）首先要检查混凝土运输单所标注的混凝土强度等级是否与设计图纸一致，无误后方可允许卸料。

（2）目测混凝土拌合物的和易性，查看是否有离析现象。若砂浆包裹石子且流动性较好时，说明和易性较好；若表面的石子有不沾砂浆的现象时，可以用铁锨接一锨拌合物连同铁锨一起放在地面上，待一分钟后，若有稀浆外流，砂石下沉并且紧贴铁锨面时，即为离析现象。若离析严重，必须令其返厂调整；若离析轻微时，可令其待半小时后再泵送。离析严重的混凝土拌合物在泵送过程中没有问题，但在该车混凝土泵送完成后，泵送暂停的时间段内（一分钟）就会堵管。打到模板内的拌合物很快会产生离析，出现稀浆外溢，骨料下沉现象，还会导致混凝土的后期强度有所降低。导致混凝土离析的原因就是外加剂掺量超过了饱和点，若无超掺过多，拌合物就不产生离析现象，但会发生缓凝现象。

（3）取样检测混凝土拌合物的坍落度。取样时，应在该车卸料的中间段在料斗处铲取；取样后，立即检测坍落度；符合要求后，装模制作混凝土试块；试块制作完成后，要送入标准养护室养护。

（4）当坍落度不符合要求时，可以请运输车驾驶员添加适量的外加剂，快速搅拌3min后再次测试坍落度，合格后卸料泵送。

（5）交货后应安排专人跟踪监督混凝土浇筑、振捣和养护。特别是在浇筑剪力墙时，必须做到随浇筑随振捣，不得浇筑一大段后再去振捣，这样容易发生振捣不实或空洞等现象。

（6）在浇筑混凝土现浇板时，宜在搓平后随即覆盖塑料薄膜，在薄膜的开头和收尾处用木搓板轻轻拍压薄膜使其与混凝土面结合严密，防止被大风刮起。不宜二次搓抹后再覆盖薄膜，因这样做时容易使薄膜与板面黏结不紧密，容易被大风刮起，易产生干缩裂缝。

《混凝土现场交货检验记录》填写示例：

混凝土现场交货检验记录

<table>
<tr><td colspan="3">工程名称</td><td colspan="5">××工程改造项目</td><td colspan="2">开盘起止时间</td><td colspan="5">××××年××月××日××点××分～××××年××月××日××点××分</td></tr>
<tr><td colspan="3">工程部位</td><td colspan="5">14层梁板柱楼梯</td><td colspan="2">浇筑方式</td><td>泵送</td><td colspan="2">设计坍落度</td><td colspan="2">180±20（mm）</td></tr>
<tr><td colspan="3">天气情况</td><td>晴</td><td colspan="2">气温</td><td colspan="2">32</td><td>风力</td><td>2</td><td colspan="5"></td></tr>
<tr><td>车次</td><td>车号</td><td>出场时间</td><td>到达时间</td><td>混凝土卸完时间</td><td>强度等级</td><td>坍落度（mm）</td><td>试块组数</td><td>混凝土观感质量</td><td>本车方量（m^3）</td><td>质量证明文件是否齐全</td><td>是否加水</td><td>混凝土供方交货人（手签）</td><td>施工单位见证人交货人（手签）</td><td>建设或监理单位见证人（手签）</td></tr>
<tr><td>1</td><td>××</td><td>7:25</td><td>8:15</td><td>8:32</td><td>C30</td><td>192</td><td>1</td><td>合格</td><td>18</td><td>是</td><td>无</td><td>××</td><td>××</td><td>××</td></tr>
<tr><td>2</td><td>××</td><td></td><td></td><td></td><td></td><td></td><td></td><td></td><td></td><td></td><td></td><td></td><td></td><td></td></tr>
<tr><td>3</td><td>××</td><td></td><td></td><td></td><td></td><td></td><td></td><td></td><td></td><td></td><td></td><td></td><td></td><td></td></tr>
<tr><td>4</td><td>××</td><td></td><td></td><td></td><td></td><td></td><td></td><td></td><td></td><td></td><td></td><td></td><td></td><td></td></tr>
<tr><td></td><td></td><td></td><td></td><td></td><td></td><td></td><td></td><td></td><td></td><td></td><td></td><td></td><td></td><td></td></tr>
<tr><td></td><td></td><td></td><td></td><td></td><td></td><td></td><td></td><td></td><td></td><td></td><td></td><td></td><td></td><td></td></tr>
<tr><td></td><td></td><td></td><td></td><td></td><td></td><td></td><td></td><td></td><td></td><td></td><td></td><td></td><td></td><td></td></tr>
<tr><td></td><td></td><td></td><td></td><td></td><td></td><td></td><td></td><td></td><td></td><td></td><td></td><td></td><td></td><td></td></tr>
<tr><td></td><td></td><td></td><td></td><td></td><td></td><td></td><td></td><td></td><td></td><td></td><td></td><td></td><td></td><td></td></tr>
<tr><td></td><td></td><td></td><td></td><td></td><td></td><td></td><td></td><td></td><td></td><td></td><td></td><td></td><td></td><td></td></tr>
<tr><td></td><td></td><td></td><td></td><td></td><td></td><td></td><td></td><td></td><td></td><td></td><td></td><td></td><td></td><td></td></tr>
<tr><td></td><td></td><td></td><td></td><td></td><td></td><td></td><td></td><td></td><td></td><td></td><td></td><td></td><td></td><td></td></tr>
</table>

7.12 监理备忘录

监理备忘录一般是在工程项目中发生比较大的事件时，对事件的发生起因、过程、结果等详细地记录，对建设单位和施工单位的建设行为提出有效的备忘文件。

《监理工程师备忘录》填写示例：

监理工程师备忘录

工程名称：× × 工程　　　　　　　　　　　　　　　　　　　　编号：× ×

事由	施工许可证办理	签收人姓名及时间	许 × × × × × × 年 × × 月 × × 日
× × 工程 项目根据贵单位要求已开工，我部根据与贵单位签订的合同及要求进场实施监理，至今工程已开工一月有余，但施工许可证至目前尚未办理到位，不符合《中华人民共和国建筑法》建筑许可之规定要求，我部已多次与贵单位沟通、提醒，以便于我部能正常按程序监理，保证工程的顺利开展。 为此，监理今特再次书面提醒贵公司，抓紧施工许可证的办理，保证工程合理合法。 特此备忘。 项目监理机构（章） 专业监理工程师：陈 × × 总监理工程师：赵 × × × × × × 年 × × 月 × × 日 抄送：× × × × 公司（建设单位） 抄报：× × 建筑有限公司			

注：本备忘录用于项目监理机构就有关重要建议未被建设单位采纳或监理工程师通知单中的应执行事项承包单位未予执行的最终书面说明，可抄报有关上级主管部门。

第八章

台账类资料

台账类资料是指项目监理机构记录监理过程信息所形成的明细记录、清单等监理文件资料。一般包括材料进场台账、见证取样台账、分部分项验收台账、隐蔽工程验收台账、收发文台账、项目监理机构印章台账、工程款支付台账、危大工程管理台账、扬尘治理巡视巡查台账、“应急救援物资台账”“防疫物资台账”等资料。

8.1 台账资料的管理要求

（1）总监理工程师应结合工程具体情况，建立本项目台账体系，在监理规划中予以明确。

（2）台账录入要专人负责，信息及时、准确、清晰，便于查看。

（3）台账要设专人管理，无关人员不得随意更改、查看。

（4）重要台账必须以纸质版与电子版两种形式保存。

（5）总监理工程师应定期组织对监理台账数据进行审核，定期检查台账录入内容，确保台账数据的准确性、及时性和完整性。

（6）项目监理机构可按现场实际情况及工作需要自行增补相应的台账资料。

8.2 材料、设备、构配件进场台账

《材料、设备、构配件进场台账》填写示例：

材料、设备、构配件进场台账

工程名称：××工程　　　　　　　　施工单位：××建设有限公司

序号	材料、设备、构配件名称	规格型号	数量/重量（单位：t）	生产厂家/品牌	使用部位	进场日期	监理验收人	验收日期	备注
1	HRB400	12	55	河北邯郸	1号楼筏板	××××年××月××日	陈××	××××年××月××日	
2	HRB400	22	80	河北邯郸	1号楼筏板	××××年××月××日	陈××	××××年××月××日	
3	HRB400	20	62	河北邯郸	1号楼筏板	××××年××月××日	陈××	××××年××月××日	

审核人：赵××　　　　　　　　归档人：吴××

8.3 分部分项验收台账

《分项工程验收台账》填写示例：

分项工程验收台账

工程名称：××工程　　　　施工单位：××建设有限公司

序号	分部工程	分项工程名称	报验单位	报验日期	监理验收人	验收日期	备注
1	地基与基础	土方开挖	××建设有限公司（施工单位）	××××年××月××日	陈××	××××年××月××日	
2	地基与基础	土方回填	××建设有限公司（施工单位）	××××年××月××日	陈××	××××年××月××日	
3	地基与基础	土钉墙	××建设有限公司（施工单位）	××××年××月××日	陈××	××××年××月××日	
4	地基与基础	CFG桩基	××建设有限公司（施工单位）	××××年××月××日	陈××	××××年××月××日	
5	地基与基础	防水层	××建设有限公司（施工单位）	××××年××月××日	陈××	××××年××月××日	

审核人：赵××　　　　归档人：吴××

8.4 见证取样台账

《见证取样台账》填写示例：

见证取样台账

工程名称：××工程　　　　　　　　　　　　　　施工单位：××建设有限公司

序号	见证取样单编号	取样内容	规格型号	批量（T）	使用部位	检测报告编号	见证人	见证日期
1	×××	钢筋原材	××	××	××	×××	凌××	××××年××月××日
2	×××	钢筋原材	××	××	××	×××	凌××	××××年××月××日
3	×××	钢筋原材	××	××	××	×××	凌××	××××年××月××日

审核人：赵××　　　　　　　　　　　　　　归档人：吴××

8.5 收发文台账

《监理来往文件台账》填写示例：

监理来往文件台账

工程名称：××工程　　　　　　　　　　　　　　　　　　施工单位：××建设有限公司

文件名称	签收时间	资料接收人		备注
		施工单位	建设单位	
监理会议纪要001	××××年××月××日	刘××	郑××	
监理会议纪要002	××××年××月××日	刘××	郑××	
工作联系单001	××××年××月××日	刘××	郑××	
监理通知单010	××××年××月××日	刘××	郑××	

8.6 项目监理机构印章使用台账

《项目监理机构印章使用台账》填写示例：

项目监理机构印章使用台账

工程名称：××工程　　　　施工单位：××建设有限公司

序号	使用日期	使用单位	用途	用印数量	用印人	监理签字	备注
1	××××年××月××日	1号楼土方开挖分项资料	归档	3份	王××	郝××	
2	××××年××月××日	1号楼土钉墙分项资料	归档	3份	王××	郝××	
3	××××年××月××日	1号楼模板分项资料	归档	3份	王××	郝××	
4	××××年××月××日	1号楼钢筋分项资料	归档	3份	王××	郝××	
5	××××年××月××日	1号楼混凝土分项验收	归档	3份	王××	郝××	
6	××××年××月××日	1号楼安全检查记录	归档	3份	王××	郝××	
7	××××年××月××日	联合安全检查记录	归档	3份	王××	郝××	
8	××××年××月××日	1号楼筏板混凝土浇筑令	归档	3份	王××	郝××	

8.7 工程款支付台账

《工程款支付台账》填写示例：

工程款支付台账

工程名称：××工程　　　　施工单位：××建设有限公司

序号	工程形象进度	申报单位	申报完成工程量（万元）	监理核定完成工程量（万元）	申报工程款（万元）	监理核定应支付工程款（万元）	核定日期	累计拨付工程款（万元）	合同剩余工程款（万元）
1	正负零完成	××建设有限公司（施工单位）	2125	1985	1700	1588	××××年××月××日	1985	13015
2	主体施工10层	××建设有限公司（施工单位）	4200	3860	3360	3088	××××年××月××日	5073	9927
3	主体封顶	××建设有限公司（施工单位）	7100	6920	5680	5536	××××年××月××日	10609	4391

注：合同额为15000万元，合同约定按节点完成且经监理单位审定工程量的80%进行拨付。

8.8 危大工程管理台账

《危大工程管理台账》填写示例：

危大工程管理台账

工程名称：× × 工程　　　　施工单位：× × 建设有限公司

序号	危大工程名称	危大工作内容	是/否超过规模	预计实施时间	专项方案审批是否合规	论证情况	专职安全管理人员	监理人员	备注
1	深基坑	土方开挖	是	× × × × 年 × × 月 × × 日	是	是	于 × ×	黄 × ×	
2	高支模	模板支设	是	× × × × 年 × × 月 × × 日	是	是	于 × ×	黄 × ×	
3	悬挑架	架体搭设	是	× × × × 年 × × 月 × × 日	是	是	于 × ×	黄 × ×	

8.9 扬尘治理巡视巡查台账

《扬尘治理巡视巡查台账》填写示例：

扬尘治理巡视巡查台账

工程名称：××工程

施工单位：××建设有限公司

序号	巡查日期	扬尘治理工作检查内容存在的问题	检查人	整改落实情况	复查人	备注
1	××××年××月××日	局部存在裸土	陈××	已整改	王××	下发通知单006
2	××××年××月××日	喷淋未开启	陈××	已整改	王××	口头督促
3	××××年××月××日	个别车辆带泥上路	陈××	已整改	王××	口头督促
4	××××年××月××日	土方未采取湿法作业	陈××	已整改	王××	下发通知单007

第九章 勘察设计及保修阶段文件资料

9.1 工程勘察阶段

9.1.1 基本要求

（1）勘察方案报审表可按《建设工程监理规范》GB/T 50319—2013表B.0.1的要求填写。

（2）工程勘察阶段的监理通知单可按《建设工程监理规范》GB/T 50319—2013表A.0.3的要求填写。

（3）勘察费用支付申请表可按《建设工程监理规范》GB/T 50319—2013表B.0.11的要求填写。

（4）勘察费用支付证书可按《建设工程监理规范》GB/T 50319—2013表A.0.8的要求填写。

（5）勘察成果报审表可按《建设工程监理规范》GB/T 50319—2013表B.0.7的要求填写。

（6）勘察延期报审表可按《建设工程监理规范》GB/T 50319—2013表B.0.14的要求填写。

（7）勘察设计费用索赔报审表可按《建设工程监理规范》GB/T 50319—2013表B.0.13的要求填写。

（8）项目监理机构可依据《房屋建筑和市政基础设施工程勘察文件编制深度规定》对勘察文件进行审查。

9.1.2 工程勘察文件审查要点

（1）项目监理机构应审查工程勘察单位资质及勘察人员执业资格是否符合要求。

（2）岩土工程勘察文件应根据工程与场地情况、设计要求确定执行的现行技术标准编制，同一部分内容涉及多个技术标准时，应在相应部分进一步明确依据的技术标准。

（3）勘察文件的编制应满足现行相关技术标准的要求，应符合工程建设强制性标准的规定。

（4）岩土工程勘察报告应正确反映场地工程地质条件，查明不良地质和地质灾害。

（5）勘察报告应根据工程特点和设计提出的技术要求编写，应有明确的针对性，详细勘察报告应满足施工图设计的要求。

（6）勘察报告主要由文字部分与图表组成，必要时可增加附件。

（7）勘察文件的文字、标点、术语、代号、符号、数字和计量单位均应符合有关规范、标准。

（8）勘察报告签章应符合下列要求：

①勘察报告应有单位公章，法定代表人、单位技术负责人签章，项目负责人、审核人等相关责任人签章，并加盖注册章；

②图表应有完成人、检查人或审核人签字；

③各种室内试验和原位测试，其成果应由试验人、检查人或审核人签字；

④当测试、试验项目委托其他单位完成时，受托单位提交的成果还应有该单位印章及责任人签章；

⑤其他签章管理要求。

（9）岩土工程勘察报告文字部分应包括下列内容：

①工程与勘察工作概况；

②场地环境与工程地质条件；

③岩土参数统计；

④岩土工程分析评价；

⑤结论与建议。

9.1.3 工程勘察文件的管理

（1）总监理工程师应指定专人对工程勘察文件进行清点、登记，分类存放。

（2）当工程需要进行补充勘察时，应保存补充勘察全过程的原始记录（含影像）和补充勘察报告，原始记录应由指定的资料管理人员签字。

（3）总监理工程师应组织专业监理工程师熟悉勘察报告内容，对所发现的问题应通过建设单位转勘察等有关单位，协商统一意见。

9.2 工程设计阶段

9.2.1 基本要求

（1）设计阶段成果报审表可按《建设工程监理规范》GB/T 50319—2013表B.0.7的要求填写。

（2）工程设计阶段的监理通知单可按《建设工程监理规范》GB/T 50319—2013表A.0.3的要求填写。

（3）设计费用支付申请表可按《建设工程监理规范》GB/T 50319—2013表B.0.11的要求填写。

（4）设计费用支付证书可按《建设工程监理规范》GB/T 50319—2013表A.0.8的要求填写。

（5）设计延期报审表可按《建设工程监理规范》GB/T 50319—2013表B.0.14的要求填写。

（6）设计费用索赔报审表可按《建设工程监理规范》GB/T 50319—2013表B.0.13的要求填写。

9.2.2 工程设计文件审查要点

（1）设计文件是否符合相关工程建设强制性标准的规定。

（2）不同设计单位共同设计的图纸相互之间有无矛盾。

（3）各专业施工图纸之间有无矛盾。

（4）各专业施工图中的标注有无遗漏。

（5）各专业施工图中的高程、尺寸和数量有无错误或矛盾。

（6）设计文件中的文字、标点、术语、代号、符号、数字和计量单位均应符合有关规范、标准的规定。

（7）图审机构的审查合格书是否经法定代表人签发，并加盖审查机构公章。

（8）项目监理机构应审查设计文件是否加盖审查专用章。

9.2.3 工程设计文件的管理

（1）总监理工程师应指定专人对设计文件进行清点、登记，分类存放。

（2）由于设计变更、工程洽商需要改变图纸内容时，应在图纸上标识清楚，并注明设计变更和工程洽商的编号及日期，以防止按无效图纸内容进行管理；相关补充设计文件、设计变更文件、工程洽商等资料作为原设计文件的补充文件一并归档并登记。

（3）对设计文件的缺、损、丢失等情况，应及时向建设单位通报，并妥善解决。

9.3 工程保修阶段

9.3.1 基本要求

（1）监理单位应按照建设工程监理合同约定提供保修阶段的服务。

（2）监理单位在对工程的回访过程中，应征求使用单位和建设单位的意见，发现使用中存在的问题，应及时编制真实可信的回访记录。回访记录应汇总并报建设单位。

（3）工程质量缺陷经项目监理机构检查确认（必要时应经有资质的检测单位检测确认）后，可采用《监理通知单》的形式，通知施工单位进行维修。

（4）监理单位在施工单位的修复过程中，可根据修复工程的内容、范围及难易程度，审查施工单位的修复施工方案、质量保证体系和安全生产管理体系，对修复工程施工的质量、进度进行控制，并履行安全生产管理法定职责。在维修工程实施过程中，可采用与施工阶段相同的管理程序，形成相应的文件资料。

（5）工程监理单位应对工程质量缺陷原因进行调查、分析，与建设单位、施工单位协商确定责任归属，编制工程质量缺陷原因分析报告，经建设单位项目负责人、施工单位项目经理、监理单位总监理工程师签认后报建设单位。

（6）对于非施工单位原因造成的工程质量缺陷，监理单位应审核施工单位申报的修复工程费用，并签发工程款支付证书。修复工程费用支付报审表可按《建设工程监理规范》GB/T 50319—2013表B.0.11的要求填写。工程款支付证书可按《建设工程监理规范》GB/T 50319—2013表A.0.8的要求填写。

9.3.2 保修阶段文件资料管理

（1）总监理工程师应指定专人对保修阶段文件进行管理。

（2）对于在保修阶段形成的文件资料，监理单位应按照《建设工程监理合同》中的相关约定，进行整理、归档与移交。

第十章 监理文件资料管理与归档

监理文件资料管理与归档是指项目监理机构在进行建设工程监理的工作期间，对建设工程实施过程中形成的与监理相关的文件和档案进行收集积累、加工整理、立卷归档和检索利用等一系列工作。包括监理文件资料的日常管理、监理文件资料的验收与移交、监理文件资料的保存类型与保存年限。

10.1 资料的日常管理

（1）项目监理机构应建立完善监理文件资料管理制度，宜设专人管理监理文件资料。

（2）项目监理机构宜采用信息技术进行监理文件资料管理。

（3）整理是指按照一定的原则，对工程文件进行挑选、分类、组合、排列、编目，使之有序化的过程。

（4）立卷是指按照一定的原则和方法，将有保存价值的文件分门别类地整理成案卷，亦称组卷。

（5）归档是指文件形成部门或形成单位完成其工作任务后，将形成的文件整理立卷后，按规定向本单位档案室或向城建档案管理机构移交。

建设工程文件的整理、归档以及建设工程档案的验收与移交，除应符合《建设工程文件归档规范（2019年版）》GB/T 50328—2014外，尚应符合国家现行有关标准的规定。

10.1.1 基本要求

（1）监理文件资料管理人员负责项目监理机构的资料管理和信息传递工作，负责项目监理机构的文件收发管理，并参与对施工单位资料的监督检查。

（2）监理文件资料管理人员在接到资料签字人员传递的监理资料后，应核对监理文件资料类型及完整性，及时整理、分类汇总，并应按规定组卷，形成监理档案，妥善保存。

（3）监理文件资料应按单位工程、分部工程或专业、阶段等进行组卷。

（4）监理文件资料应编目合理、整理及时、归档有序、利于检索。应统一存放在同种规格的档案盒中，档案盒的盒脊应标示文件类别和文件名称。

（5）监理文件资料案卷由案卷封面和卷脊、卷内目录、卷内文件及备考表组成。文件资料应按编号顺序进行存放。

（6）卷内文件在原则上按文件形成的时间及文件的序号进行排列。一般编排为文字材料在前，图样在后。

（7）监理文件资料若是现场签认的手书文件，应字迹工整、清楚，附图要求规则且标注完整。

（8）监理文件资料的填写、编制、审核、审批、签认应及时进行，其内容应符合相关规定，应确保文件资料管理的延续性。

（9）项目监理机构应运用信息技术进行监理文件资料的编制、收集、日常管理，实现监理文件资料管理的科学化、标准化、信息化。

（10）对监理服务过程中形成的影像资料，选择符合质量要求、具有保存价值的归档。

（11）影像资料可按时间顺序、重要程度进行排列，组成案卷。标注名称、拍摄时间、文字说明等。

10.2 资料的验收与移交

10.2.1 基本要求

（1）工程竣工验收前，项目监理机构应对监理过程中形成的工程监理文件资料进行分类整理并立卷成册，完善立卷和成册后的序号、页码等工作。总监理工程师应对工程监理文件资料进行核查。

（2）项目监理机构应按有关资料管理规定，将监理过程中形成的监理档案移交监理单位保存，并办理移交手续。

（3）监理单位应按照有关资料管理规定和合同约定向建设单位移交需要归档的监理文件资料，并办理移交手续。

10.2.2 资料的验收

（1）列入城建档案管理部门档案接收范围的工程，建设单位在组织工程竣工验收前，应提请城建档案管理部门对工程档案进行预验收。建设单位未取得城建档案管理部门出具的认可文件，不得组织工程竣工验收。

（2）城建档案管理部门在进行工程档案预验收时，应重点验收以下内容：

①工程档案分类齐全、系统、完整；工程档案的内容真实、准确全面地反映工程建设活动和工程实际状况；

②工程档案已整理立卷，立卷符合现行《建设工程文件归档规范（2019年版）》GB/T 50328—2014的规定；

③竣工图绘制方法、图式及规格等符合专业技术要求，图面整洁，盖有竣工图章；

④文件的形成、来源符合实际，要求单位或个人签章的文件，其签章手续完备；

⑤文件材质、幅面、书写、绘图、用墨、托裱等符合要求；

⑥电子档案格式、载体等符合要求；

⑦声像档案内容、质量、格式符合要求。

工程档案由建设单位进行验收，属于向地方城建档案管理部门报送工程档案的工程项目还应会同地方城建档案管理部门共同验收。

（3）国家、省市重点工程项目或一些特大型、大型的工程项目的预验收和验收，必须有地方城建档案管理部门参加。

（4）为确保工程档案的质量，各编制单位、地方城建档案管理部门、建设行政管理部门等要对工程档案进行严格检查、验收。编制单位、制图人、审核人、技术负责人必须进行签字或盖章。对不符合技术要求的，一律退回编制单位进行改正、补齐，问题严重者可令其重做。不符合要求者，不能交工验收。

（5）凡报送的工程档案，如验收不合格的，应将其退回建设单位，由建设单位责成责任者重新进行编制，待达到要求后重新报送。检查验收人员应对接收的档案负责。

（6）地方城建档案管理部门负责工程档案的最后验收，并对编制报送工程档案进行业务指导、督促和检查。

10.2.3 资料的移交

（1）勘察、设计、施工、监理等单位应将本单位形成的工程文件立卷后向建设单位移交。

（2）勘察、设计、施工单位在收齐工程文件并整理立卷后，建设单位、监理单位应根据城建档案管理机构的要求，对归档文件完整、准确、系统情况和案卷质量进行审查。审查合格后方可向建设单位移交。

（3）勘察、设计、施工、监理等单位向建设单位移交档案时，应编制移交清单，双方签字、盖章后方可交接。

10.3 资料的保存类型与年限

10.3.1 基本要求

（1）监理单位应根据工程特点和有关规定保存监理档案，保存期限按有关规定和建设工程资料管理的要求。

（2）安全生产管理相关监理文件资料应保存到单位工程竣工验收完成后。

（3）材料、设备、构配件报验资料应保存到单位工程竣工验收完成后。

（4）隐蔽工程、检验批、分项工程过程质量控制资料应保存到单位工程竣工验收完成后。

（5）分部工程的相关资料应保存到单位工程竣工验收完成后5年。其中，基础设施工程、房屋建筑的地基与基础工程和主体结构工程的相关资料，保存年限为设计文件规定的合理使用年限。

（6）监理合同、单位工程竣工验收记录等资料的保存时间由监理单位自行确定。

（7）监理文件资料的保存期限详见附件一。

10.3.2 保存类型

（1）建设工程档案。在工程建设活动中直接形成的具有归档保存价值的文字、图纸、图表、声像、电子文件等各种形式的历史记录，简称工程档案。

（2）建设工程电子档案。工程建设过程中形成的，具有参考和利用价值并作为档案保存的电子文件及其元数据。

（3）建设工程声像档案。记录工程建设活动，具有保存价值的，用照片、影片、录音带、录像带、光盘、硬盘等记载的声音、图片和影像等历史记录。

10.3.3 保存年限

工程资料归档保存期限应符合国家现行标准的规定；当无规定时，不宜少于5年。

（1）永久保管。工程档案保管期限的一种，指工程档案无限期地、尽可能长远地保存下去。

（2）长期保管。工程档案保管期限的一种，指工程档案保存到该工程被彻底拆除。

（3）短期保管。工程档案保管期限的一种，指工程档案保存10年以下。

附件一

监理单位文件资料的保存期限表

序号	类别	监理文件资料名称	短期保管	长期保管	永久保管
1	编制类	监理规划		▲	
2		监理实施细则		▲	
3		见证取样计划	▲		
4		旁站方案	▲		
5		监理月报		▲	
6		工程质量评估报告			▲
7		监理工作总结			▲
8	监理机构文件	项目监理机构成立文件		▲	
9		总监理工程师任命书		▲	
10		总监理工程师承诺书、授权书		▲	
11		总监理工程师代表授权书		▲	
12		监理人员廉洁自律承诺书	▲		
13	签发类	工程开工令		▲	
14		见证人告知书	▲		
15		见证人授权书	▲		
16		工程暂停令		▲	
17		工程复工令		▲	
18		监理通知单及监理通知回复单		▲	
19		监理报告		▲	
20		工程款支付证书		▲	
21		工作联系单	▲		
22		竣工移交证书			▲
23		施工组织设计报审文件		▲	
24	审批类	施工方案、专项施工方案报审文件		▲	
25		施工进度计划报审表	▲		
26		分包单位资格报审表		▲	

续表

序号	类别	监理文件资料名称	短期保管	长期保管	永久保管
27	审批类	工程开工报审表		▲	
28		工程复工报审表		▲	
29		工程变更报审文件		▲	
30		费用索赔报审表		▲	
31		工程临时/最终延期报审表		▲	
32		工程款支付报审表		▲	
33	验收类	施工控制测量成果报验表	▲		
34		工程材料、构配件、设备报审表		▲	
35		检验批、分项工程报验文件	▲		
36		隐蔽工程报验文件		▲	
37		分部工程报验文件		▲	
38		单位工程竣工验收报验文件			▲
39		设计交底		▲	
40	记录类	图纸会审记录		▲	
41		监理日志			▲
42		安全监理日志			▲
43		见证取样记录	▲		
44		实体检验见证记录		▲	
45		旁站记录	▲		
46		平行检验记录		▲	
47		技术核定单		▲	
48		监理会议纪要		▲	
49		巡视检查记录	▲		
50		混凝土交货检验记录		▲	
51		监理备忘录			▲
52		材料、构配件、设备进场报验台账	▲		
53	台账类	分部分项验收台账	▲		
54		见证取样送检台账	▲		
55		收发文台账	▲		
56		项目监理机构印章使用台账	▲		
57		工程款支付台账		▲	
58		危大工程管理台账		▲	
59		扬尘治理巡视巡查台账	▲		

“▲”表示监理文件资料名称对应的保存期限。

附件二

需收集建设单位及施工单位资料

类别及编号	工程资料名称	规范依据	监理文件资料					
			编制类	签发类	审批类	验收类	记录类	其他类
决策立项	项目建议书（代可行性研究报告）							
	项目建议书（代可行性研究报告）的批复文件							
	关于立项的会议纪要、领导批示							
	专家对项目的有关建议文件							
	项目评估研究资料							
建设用地	规划意见书及附图							
	建设用地规划许可证、许可证附件及附图							
	国有土地使用证							
	项目所在地建设用地批准书							
勘察设计	工程地质勘察报告							●
	建筑用地钉桩通知单							●
	验线合格文件							●
	设计方案审查意见							
	初步设计图及说明							
	设计计算书							
	消防设计审核意见							●
	施工图审查通知书							●
招标投标与合同	勘察招标投标文件							
	设计招标投标文件							
	施工招标投标文件							●
	监理招标投标文件							●
	勘察合同							
	设计合同							

续表

类别及编号	工程资料名称	规范依据	监理文件资料					
			编制类	签发类	审批类	验收类	记录类	其他类
招标投标与合同	施工合同							●
	监理合同							●
	中标通知书							●
开工	建设工程规划许可证、附件及附图							●
	建设工程施工许可证							●
商务	工程投资估算文件							
	工程设计概算							
	施工图预算							●
	施工预算							
	工程结算							
竣工验收及备案	建设工程竣工验收备案表	住房和城乡建设部令第2号				●		
	工程竣工验收报告					●		
	建设工程档案预验收意见	GB/T 50328—2019				●		
	《房屋建筑工程质量保修书》	住房和城乡建设部令第2号						●
	《住宅质量保证书》							
	《住宅使用说明书》							
	建设工程规划、消防等部门的验收合格文件					●		
其他	工程开工前原貌、竣工后照片							●
	工程开工、施工、竣工的录音录像资料							
	工程竣工测量资料	GB 55018—2021				●		
	建设工程概况							●
	工程建设各方授权书、承诺书及永久性标识图片	建质〔2014〕124号						
	建设工程质量终身责任基本信息表					●		
施工技术资料	施工组织设计及施工方案	GB/T 50502—2014			●			
	技术交底记录							

续表

类别及编号	工程资料名称	规范依据	监理文件资料					
			编制类	签发类	审批类	验收类	记录类	其他类
施工技术资料	图纸会审记录				●			
	设计变更通知单				●			
	工程变更洽商记录				●			
施工测量记录	工程定位测量记录	GB 50026—2020				●		
	基槽平面及标高实测记录	GB 50202—2018				●		
	楼层平面放线及标高实测记录	GB 50026—2020				●		
	楼层平面标高抄测记录					●		
	建筑物全高垂直度、标高测量记录					●		
施工物资资料	建筑工程中使用的各种产品应提供质量合格证							
	成型钢筋出厂合格证	GB 50204—2020				●		
	预制混凝土构件出厂合格证					●		
	钢构件出厂合格证					●		
	预拌混凝土出厂合格证					●		
	预拌混凝土运输单					●		
	混凝土基本性能试验报告					●		
	混凝土开盘鉴定					●		
	混凝土碱总量计算书					●		
	砂石碱活性检测报告					●		
	水、电、燃气等计量设备检定证书					●		
	CCC认证证书（国家规定的认证产品）					●		
	主要设备（仪器仪表）安装使用说明书					●		
	安全阀、减压阀等的定压证明文件					●		
	成品补偿器的预拉伸证明					●		
	气体灭火系统、泡沫灭火系统相关组件符合市场准入制度要求的有效证明文件					●		

续表

类别及编号	工程资料名称	规范依据	监理文件资料					
			编制类	签发类	审批类	验收类	记录类	其他类
施工物资资料	智能建筑工程软件资料、程序结构说明、安装调试说明、使用和维护说明书					●		
	智能建筑工程主要设备安装、测试、运行技术文件					●		
	智能建筑工程安全技术防范产品合格认证证书					●		
	建筑工程使用的主要产品应提供产品的性能检测报告							
	钢材性能检测报告					●		
	水泥性能检测报告					●		
	外加剂性能检测报告					●		
	防水材料性能检测报告					●		
	砖（砌块）性能检测报告					●		
	建筑外窗性能检测报告					●		
	吊顶材料性能检测报告					●		
	饰面板材性能检测报告					●		
	饰面石材性能检测报告					●		
	饰面砖性能检测报告					●		
	涂料性能检测报告					●		
	玻璃性能检测报告					●		
	壁纸、墙布防火、阻燃性能检测报告					●		
	装修用粘结剂性能检测报告					●		
	防火涂料性能检测报告					●		
	隔声/隔热/阻燃/防潮材料特殊性能检测报告					●		
	钢结构用焊接材料检测报告					●		
	高强度大六角头螺栓连接副扭矩系数检测报告					●		
	扭剪型高强螺栓连接副预拉力检测报告					●		
	幕墙性能检测报告					●		
	幕墙用硅酮结构胶检测报告					●		
	幕墙用玻璃性能检测报告					●		

续表

类别及编号	工程资料名称	规范依据	监理文件资料					
			编制类	签发类	审批类	验收类	记录类	其他类
施工物资资料	幕墙用石材性能检测报告					●		
	幕墙用金属板性能检测报告					●		
	幕墙用人造板材性能检测报告					●		
	材料污染物含量检测报告					●		
	给水管道材料卫生检测报告					●		
	卫生洁具环保检测报告					●		
	承压设备的焊缝无损探伤检测报告					●		
	自动喷水灭火系统的主要组件的国家消防产品质量监督检验中心检测报告					●		
	消防用风机、防火阀、排烟阀、排烟口的相应国家消防产品质量监督检验中心的检测报告					●		
	规范标准中对物资进场有复试要求的均应有复试报告							
	钢材试验报告					●		
	水泥试验报告					●		
	砂试验报告	GB 50204—2020				●		
	碎（卵）石试验报告					●		
	外加剂试验报告					●		
	掺合料试验报告					●		
	防水涂料试验报告	GB 50207—2012				●		
	防水卷材试验报告					●		
	砖（砌块）试验报告	GB 50203—2019				●		
	轻集料试验报告					●		
	高强度螺栓连接副试验报告	GB 50205—2020				●		
	钢网架螺栓球节点螺栓球拉力载荷试验报告					●		
	钢网架焊接球节点力学性能试验报告					●		
	钢网架高强度螺栓试验报告					●		
	钢网架杆件拉力载荷试验报告					●		
	验、熔敷金属试验报告					●		

续表

类别及编号	工程资料名称	规范依据	监理文件资料					
			编制类	签发类	审批类	验收类	记录类	其他类
施工物资资料	饰面砖试验报告	GB 50210—2018				●		
	陶瓷墙地砖胶粘剂试验报告					●		
	保温绝热材料试验报告	GB 50303—2015				●		
	建筑保温砂浆试验报告					●		
	抹面抗裂砂浆试验报告					●		
	粘结砂浆试验报告					●		
	耐碱玻璃纤维网格布试验报告					●		
	镀锌电焊网试验报告					●		
	建筑材料燃烧性能试验报告					●		
	隔热型材试验报告					●		
	胶粘剂试验报告					●		
	界面剂试验报告					●		
	门窗玻璃及幕墙玻璃试验报告					●		
	散热器试验报告					●		
	电线（电缆）试验报告					●		
	其他材料试验报告					●		
	预应力筋复试报告	GB 50204—2015				●		
	预应力锚具、夹具和连接器复试报告					●		
	装饰装修用门窗复试报告	GB 50210—2018				●		
	装饰装修用人造木板复试报告					●		
	装饰装修用花岗石复试报告					●		
	装饰装修用安全玻璃复试报告					●		
	装饰装修用外墙面砖复试报告	JGJ 126—2015				●		
	钢结构用焊接材料复试报告	GB 50205—2020				●		
	钢结构防火涂料复试报告					●		
	幕墙用铝塑板复试报告	GB 50210—2018				●		
	幕墙用石材复试报告					●		
	幕墙用安全玻璃复试报告	GB 50210—2018				●		
	幕墙用结构胶复试报告					●		

续表

类别及编号	工程资料名称	规范依据	监理文件资料					
			编制类	签发类	审批类	验收类	记录类	其他类
施工记录资料	规范标准要求有记录的均应按规定记录							
	材料、构配件进场检验记录					●		
	混凝土进场检验记录					●		
	设备开箱检验记录					●		
	设备及管道附件试验记录					●		
	隐蔽工程验收记录					●		
	交接检查记录							
	地基验槽检查记录	GB 50202—2018				●		
	地基处理记录					●		
	地基钎探记录（应附图）					●		
	混凝土浇灌申请书	GB 50666—2011						
	混凝土拆模申请单							
	混凝土养护测温记录（应附图）							
	大体积混凝土测温记录（应附图）							
	构件吊装记录							
	焊接材料烘焙记录							
	地下工程渗漏水检测记录	GB 50208—2011				●		
	防水工程试水检查记录	GB 50210—2018				●		
	通风（烟）道检查记录							
	预应力钢筋张拉记录（一）（二）	GB 50666—2011						
	有粘结预应力结构灌浆记录							
	钢筋直螺纹连接现场检查记录	GB 50204—2015						
	混凝土养护记录							
	600℃·d实体检验温度记录							
	施工记录（通用）							
	幕墙注胶检查记录	GB 50210—2018						

续表

类别及编号	工程资料名称	规范依据	监理文件资料					
			编制类	签发类	审批类	验收类	记录类	其他类
施工记录资料	基坑支护变形监测记录	GB 50202—2018						
	桩（地）基施工记录							
	网架（索膜）施工记录	GB 50205—2020						
	钢结构施工记录							
施工试验资料	规范标准中规定的试验项目应有试验报告							
	土工击实试验报告					●		
	回填土试验报告					●		
	钢筋焊接试验报告	GB 50204—2015				●		
	钢筋机械连接试验报告					●		
	砂浆配合比申请单、通知单	GB 50203—2015				●		
	砂浆抗压强度试验报告					●		
	砌筑砂浆试块强度统计、评定记录					●		
	混凝土配合比申请单、通知单	GB 50204—2015				●		
	混凝土抗压强度试验报告					●		
	混凝土试块强度统计、评定记录	GB/T 50107—2019				●		
	混凝土抗渗试验报告	GB 50208—2011				●		
	饰面砖粘结强度试验报告					●		
	超声波探伤报告	GB 50205—2020				●		
	超声波探伤记录					●		
	钢构件射线探伤报告					●		
	钢材焊接工艺性能试验报告	GB 50204—2015				●		
	锚杆、上钉锁定力（抗拔力）试验报告	GB 50202—2018				●		
	地基承载力检验报告					●		
	桩基检测报告					●		

续表

类别及编号	工程资料名称	规范依据	监理文件资料					
			编制类	签发类	审批类	验收类	记录类	其他类
施工试验资料	钢筋机械连接型式检验报告	GB 50204—2015				●		
	磁粉探伤报告	GB 50205—2020				●		
	高强度螺栓连接摩擦面抗滑移系数试验报告					●		
	钢结构焊接工艺评定					●		
	钢结构涂料厚度检测报告					●		
	保温板材与基层的拉伸粘结强度现场拉拔试验报告	GB 50411—2019				●		
	靠墙双组份硅酮结构胶混匀性及拉断试验报告	GB 50210—2018				●		
	结构钢焊接试验报告	GB 50205—2020				●		
	外墙节能构造实体检验报告	GB 50411—2019				●		
	建筑外窗气密、水密、抗风压、保温性能试验报告	GB 50411—2019				●		
	回弹法检测混凝土抗压强度报告（单个构件）	JGJ/T23—2011				●		
	钻芯法检测混凝土抗压强度（单个构件）	JGJ/T384—2016				●		
	结构现场检测报告（通用）					●		
	锚固承载力试验报告	GB 50210—2018				●		
	墙体节能工程后置锚固件锚固力现场拉拔试验报告	GB 50411—2019				●		
	灌（满）水试验记录	GB 50242—2016				●		

续表

类别及编号	工程资料名称	规范依据	监理文件资料					
			编制类	签发类	审批类	验收类	记录类	其他类
施工试验资料	强度严密性试验记录	GB 50242—2016				●		
	通水试验记录					●		
	吹（冲）洗试验记录					●		
	通球试验记录					●		
	补偿器安装记录					●		
	消火栓试射记录					●		
	自动喷水灭火系统质量验收缺陷项目判定记录					●		
	电气接地电阻测试记录	GB 50303—2015				●		
	电气防雷接地装置隐检与平面示意图					●		
	电气绝缘电阻测试记录					●		
	电气器具通电安全检查记录					●		
	电气设备空载试运行记录					●		
	建筑物照明通电试运行记录					●		
	大型照明灯具承载试验记录					●		
	高压部分试验记录					●		
	漏电开关模拟试验记录					●		
	大容量电气线路结点测温记录					●		
	避雷带支架拉力测试记录					●		
	逆变应急电源测试试验记录					●		
	柴油发电机测试试验记录					●		
	低压配电电源质量测试记录					●		
	低压电气设备交接试验检验记录					●		
	电动机检查（抽芯）记录					●		
	接地故障回路阻抗测试记录					●		
	接地（等电位）联结导通性测试记录					●		
	监测与控制节能工程检查记录	GB 50411—2019				●		
	建筑物照明系统照度测试记录					●		
	风管漏光检测记录	GB 50243—2016				●		
	风管漏风检测记录					●		

续表

类别及编号	工程资料名称	规范依据	监理文件资料					
			编制类	签发类	审批类	验收类	记录类	其他类
施工试验资料	现场组装除尘器、空调机漏风检测记录	GB 50243—2016				●		
	各房间室内风量温度测量记录					●		
	管网风景平衡记录					●		
	空调系统试运转调试记录					●		
	空调水系统试运转调试记录					●		
	制冷系统气密性试验记录					●		
	净化空调系统测试记录					●		
	防排烟系统联合试运行记录					●		
	设备单机试运转记录（机电通用）					●		
	系统试运转调试记录（机电通用）					●		
	施工试验记录（通用）					●		
工程竣工质量验收资料	结构实体混凝土强度检验评定记录（同条件试件法）	GB 50204—2015				●		
	结构实体混凝土强度检验记录（回弹—取芯法）					●		
	梁板构件纵向受力钢筋保护层厚度实体检验报告					●		
	混凝土结构实体位置与尺寸偏差检验记录					●		
	检验批质量验收记录	GB 50300—2013				●		
	检验批现场验收检查原始记录					●		
	分项工程质量验收记录					●		
	分部工程质量验收记录					●		
	分部工程质量验收报验表					●		
	单位（子单位）工程质量竣工验收记录	GB 50300—2013				●		
	单位（子单位）工程质量控制资料核查记录					●		
	单位（子单位）工程安全和功能检查资料核查及主要功能抽查记录	GB 50300—2013				●		
	单位（子单位）工程观感质量检查记录					●		

续表

类别及编号	工程资料名称	规范依据	监理文件资料					
			编制类	签发类	审批类	验收类	记录类	其他类
工程竣工质量验收资料	单位工程竣工验收报审表	GB/T 50319—2013				●		
	室内环境检测报告							●
	系统节能性能检测报告							●
	工程竣工质量报告							●
	节能工程现场实体检验报告							
	工程概况表							
	竣工图							

注：“●”表示本资料对应的分类。